JN198492

Trace & Recycle

リサイクルビジネスも
イノベーションを語ろう

目 次

Trace&Recycle

序章

「廃棄物処理・リサイクル」に係る業界や企業（以下、「リサイクルビジネス」という。）は、「環境を守り、産業を支える」社会インフラとして発展してきました。また、製造業のようにその機能自体を海外に移転することは不可能であり、輸入に頼ることもできない地域密着型産業でもあります。だからこそ、環境ビジネスとしての認知度を高め、一般市民やビジネスパーソンを含む幅広い関係者にその役割や重要性を理解してもらう必要がありますが、残念ながら未だに業界全体としてのイメージや好感度が高いとは言えません。

　その要因の一つとして、リサイクルビジネスが産業として十分に認知されていないことが挙げられます。建設業や製造業、小売業等の動脈産業から見ると、廃棄物処理もリサイクルも単なるコストに他ならず、多くの場合、少しでも安く法的義務を果たすことができる処理業者を探します。民間企業である以上、その判断自体を非難できるはずもありませんが、同時にリサイクルビジネスの事業活動そのものが、産業としてこの国の経済を支えている事実も理解していただく必要があります。

　環境省が 2017 年 5 月付で公表した「産業廃棄物処理業の振興方策に関する提言」によれば、産業廃棄物処理業の市場規模は約5.3 兆円で GDP の 1% を超えており、国内主要産業と比較しても遜色ない水準にあります。この額を純粋な社会的コストとして捉えるなら、収集運搬や処分の品質を極限まで低減することが正しい解になるでしょう。

　一方、これまでの発想を転換して環境ビジネスとしてのさらなる成長を求めるなら、ロジスティクスや処理技術の高度化等を通じて、我が国全体の資源循環の質を高め、環境負荷を低減することができます。

同提言は、産業としての「成長」と「底上げ」の必要性にも触れています。同じ社会インフラである電気業やガス業、水道業とは異なり、リサイクルビジネスの場合、法的基準を果たすことが大前提ながらも、創意工夫を通じて様々な商品やサービスを提供することが可能です。さらに、排出者側ニーズのみならず、再資源化後の原燃料供給先ニーズも勘案してその最適解を選ぶ必要があり、価格以外の差別化要素も多く、ビジネスモデルを含めた創意工夫による健全な競争と淘汰を通じて、成長と底上げを図るべき時が来ています。

　一般論として、我が国には「イノベーション」が求められています。グローバリズムの進展や新興国の急速な追い上げは無論のこと、少子高齢化に伴う労働力人口の減少一つとっても今の社会構造や産業構造をそのまま維持することが不可能であることは自明です。そんな時代だからこそ、リサイクルビジネス自らが「普通の産業」としての進化を遂げる必要があることを皆が理解して、その実現に向けた方策を具体化しながら、積極的に世の中に問うべきなのです。

　以上を踏まえて、リサイクルビジネスに関わる産官学関係者のみならず、無意識に関わっている一般市民やビジネスパーソンを含めた全ての方々に、本書をお届けします。

　前著の『「ボーダレス化」するリサイクルビジネス』は業界構造の現状分析に力点を置いて執筆しましたが、本書では未来の話を含め、これからの業界のあるべき姿を視野に入れた提言的な内容が主眼となっています。そこに込めた私なりの強い想いを一言で現わすキーワードこそが、「リサイクルビジネスもイノベーションを語ろう」なのです。

　　　　一般社団法人資源循環ネットワーク　代表理事　林　孝昌

Trace & Recycle

第1章
我が国リサイクルビジネスの将来展望

我が国リサイクルビジネスの将来展望

1. 我が国リサイクルビジネスの現状と課題

1.1. 我が国リサイクルビジネスの現状と課題

　我が国で廃棄物処理・リサイクルに取り組む事業者や業界（以下、「リサイクルビジネス」という。）は、廃棄物処理法を軸に据えた強固な制度的枠組みの中で、産業としての成長が困難な業界構造に囚われてきた。許認可権者の細分化、裁量行政の曖昧さ、域内企業への優遇、迷惑施設立地への住民感情配慮等が相まって、効率性と経済性を高めることに対する社会的期待感も限定的であった。

　ただし昨今、その風向きは確実に変わりつつある。自治体財政の逼迫や高度な再資源化に対する期待を背景に、有力企業による広域処理を可能とした小型家電リサイクル法の施行（2013年4月）はその象徴に位置付けられる。競争と淘汰を通じて効率化が進み、有力企業が業界全体の底上げを牽引する、普通の産業への転換が始まったのである。

また、産業活動における「資源有効利用促進」と「環境負荷低減」の両立は社会的要請となっており、特に後者については温室効果ガス発生抑制量（t-CO$_2$）で示す風潮が国内外のトレンドとして定着しつつある。如何に高度な再資源化を実現しても、そのプロセスで多量の二酸化炭素が発生するのであれば、排出事業者や行政から高く評価されるとは限らない。

　さらに、鉄・非鉄スクラップや古紙、廃プラスチック等有価物として取引される品目には国際市況が形成されており、その取引価格は常時変動している。有価取引を前提とした素材やエネルギーとしての再生が求められる以上、特定地域内に閉じたリサイクルには限界があり、スケールメリット確保や新規マーケット開拓のため、その視線を海外にまで広げることは必然と言える。

　こうした背景を踏まえて、リサイクルビジネスは健全性と経済性を確保しつつ、成長していかなければならない。すなわち、産業としてのリサイクルビジネス振興こそが、業界全体としての課題と言える。

1.2.　本稿の狙い

　本稿では、業界や政策動向に加えて定量・定性的なデータを用いた分析を基に、著者が現場の関係者から得てきた知見を踏まえて、我が国リサイクルビジネスの将来展望を検証する。

　結論を言えば、これからのリサイクルビジネスにとってのキーワードは、「大規模化」「低炭素化」「グローバル化」であり、民間ビジネスなら当たり前の競争力強化が例外なく求められる時代が来る。「公共サービス」から「ビジネス」への転換期を迎えつつあるリサイクルビジネスには何が求められており、その産業としての成長に向けた条件は何か、業界内外の具体事例のご紹介を

交えた整理と業界関係者の方々に対する提言を行うことが、本稿の狙いである。

2. リサイクルビジネスの「大規模化」

2.1. リサイクルビジネスの規模感

　リサイクルビジネスは国民生活や産業活動にとって不可欠な社会インフラであり、鉄道会社や電力会社等と同等以上の公共性が認められる。それにも関わらず、我が国リサイクルビジネスの規模は、鉄道やエネルギー分野の主要企業等との比較においては圧倒的に小さい。表1は、リサイクルビジネスを形成する主要業態である「産業廃棄物処分業」と「鉄スクラップ加工業」の売上規模上位20社の2013年度時点の年商ランキングである。

　企業単体としてみると、産業廃棄物処分業の最大手の売上規模は約283億円であり、鉄スクラップ加工業でも約383億円である。上位20社の合計で見ても、産業廃棄物処分業で2,787億円、鉄スクラップ加工業で2,744億円に留まる。一方、同じく社会インフラである鉄道業界最大手のJR東日本株式会社の売上規模は約2兆7千億円、電力業界では東京電力の約6兆6千億円が最大手であり、企業単位での実績を単純に見れば比較の対象にもならない。

　ただし、業界全体の事業規模で見ると、鉄道業界は14兆1,400億円、電力業界は20兆5,500億円に対して、廃棄物処理・リサイクルビジネスは7兆円規模と見られている。鉄道や電力との比較でも1/2あるいは1/3程度の規模があるにも関わらず、最大手事業者の事業規模は圧倒的に小さい理由は、事業者数で説明できる。鉄道会社は国内に206社、電力会社は762社（主要電力会社

表1. 産業廃棄物処分業・鉄スクラップ加工業との売上高上位20社ランキング（2013年度）

順位	産業廃棄物処分		鉄スクラップ加工	
	商　　号	2013年度の年商（百万円）	商　　号	2013年度の年商（百万円）
1	エコシステムジャパン株式会社	28,254	株式会社ＹＡＭＡＮＡＫＡ	38,271
2	株式会社ダイセキ	26,459	吉川工業株式会社	30,000
3	大栄環境株式会社	21,387	日清鋼業株式会社	24,377
4	ＪＦＥ環境株式会社	17,724	巖本金属株式会社	22,870
5	株式会社アイザック	17,569	株式会社ジェイエスプロセッシング	16,654
6	リマテック株式会社	15,346	株式会社鈴徳	15,589
7	株式会社タケエイ	14,686	フジメタルリサイクル株式会社	13,630
8	大阪湾広域臨海環境整備センター	14,440	日本磁力選鉱株式会社	13,594
9	株式会社シンシア	13,138	ヤマコー株式会社	13,200
10	三重中央開発株式会社	12,286	株式会社紅久商店	12,274
11	株式会社富山環境整備	12,141	株式会社ジェイピーシーズ	10,058
12	ミヤマ株式会社	11,911	株式会社トージツ	9,154
13	Ｎｅｘｔトレード株式会社	11,423	ハリタ金属株式会社	8,813
14	オオノ開發株式会社	10,051	伊藤金属商事株式会社	8,628
15	仙台環境開発株式会社	9,653	石井商事株式会社	7,800
16	三和油化工業株式会社	9,407	株式会社ヤマイチプライメタル	7,557
17	株式会社クレハ環境	9,279	株式会社エコイノベーション	6,152
18	株式会社京葉興業	8,237	株式会社ヒラキン	5,330
19	高俊興業株式会社	7,936	トーヨーメタル株式会社	5,246
20	株式会社エコ計画	7,370	錦麒産業株式会社	5,213
	上位20社合計	278,697	上位20社合計	274,410

は10社）であるので対して、産業廃棄物処分業者は13万7,896社（鉄スクラップ加工業含む）に及ぶ。一般論として、社会インフラを担う産業は官業としての国家レベルでの設立経緯から一定のスケールメリットを得て、新規参入が容易ではない業界構造を確立してきた。リサイクルビジネスの場合、原則として市町村あるいは都道府県が許認可権限を有しており、域内産業保護等を理由に新規事業者の参入も抑制されてきたため、独占的あるいは寡占的な地位にある事業者は存在しない。

　さらにリサイクルビジネスが抱える課題は、逆有償取引でのビ

ジネスモデルを前提とした産業廃棄物処理業と、相場変動を勘案した有価取引での売買を前提とした鉄スクラップ加工業（および非鉄金属加工業）の間での意識のギャップにも見出せる。建設現場や工場、自治体施設等の大規模排出者が廃棄物と有価物の双方の処理を委託する際、両者の使い分けを行うため、商取引上の力関係が初めから対等にはなり得ない状況にあるのだ。なぜ、これまでこうした非効率な業態の壁を壊せずにきたのか。

　廃棄物処理業は、処理対象物の引き取り時に運搬から最終処分までの適正処理に必要となる原価を積み上げた費用を請求する。そのプロセスにおいてリサイクルにより有価販売を行うことで得る利潤は小遣い銭程度の位置付けに過ぎない。したがって、再資源化に伴って発生する有価素材が生み出す付加価値に対する事前見積もりは甘い。

　一方で、大手排出者から有価で素材を買い取る鉄スクラップ加工業者は、産業廃棄物処理業者よりもはるかに高度な「目利き力」を持つ。仮に鉄が2万円／トン・銅が50万円／トンと考えても、その含有割合に応じて処理後の売却益が大きく違うからである。また、鉄スクラップ加工業は買い取った鉄や非鉄金属の相場変動にも高い感度を持っており、投機的なビジネスも厭わない。ただし、相場を相手にする以上リスクは避け得ないため、取引ごとの利益水準は常時不安定となる。

　こうした業態の違いは、企業文化の末端にまで染みついており、逆有償取引と有価取引という商習慣の違いは取引品目の選別を促すインセンティブとして、両社の営業スタイルに決定的な影響を及ぼしている。残念ながら、そこに顧客目線のサービス精神は全く存在しない。大規模排出者から見れば、廃棄物と有価物の管理をバラバラに行って自社で最終的なリスクを負うことを望むはず

もなく、廃棄物も有価物も一本の契約で安全・安心に効率的な一括処理を委託できるのなら、それに越したことはないはずだ。リサイクルビジネスが信頼に足る企業体力と実力を備えつつ、有価物と廃棄物の取り扱いに係るノウハウを得て、包括的な提案を行うことは大手排出者側にもメリットがある。

　業界内で染みついた企業文化を塗り替えて、既存の経営資源のみを利用するオーガニック成長により、商慣習の違いを乗り越えたトータルソリューションを実現することは至難である。また、リサイクルビジネスは大手を含めてほとんどがオーナー会社であり、後継者を確保できた優良企業が身売りをするケースは稀なため、Ｍ＆Ａによる許可認可取得施設やノウハウの取得も難しい。したがって信頼出来る企業同士が、責任体制の明確化によるスピード感確保を前提に、業務提携や共同出資を通じて連携体制を確立することが、トータルソリューションを提供可能な技術と企業体力の確保に向けた現実的なアプローチと言えよう。重要なことは顧客目線のサービス精神であり、具体的な手段よりも実践の可否が問われているのである。

2.2. 「大規模化」の展望

　こうした中でも、制度的外形基準を満たすことで許認可取得が可能な産業廃棄物の収集運搬や処分を突破口に、大規模化は確実に進展してきている。図１に示した通り、産業廃棄物処分業の売上高ランキング上位 10 社合計で見ると、売上高の伸び率は 2004 年度〜 2013 年度の 10 年間で 46.1％増となっている。同期間における産業廃棄物の発生量は微減で推移しており、収集運搬費や処分費は大きく変わっていない状況を鑑みると市場規模自体は概ね横ばいと想定されるため、大手企業がマーケットシェアを伸ばす競争と淘汰の流れは明らかである。社会インフラを担う産業がス

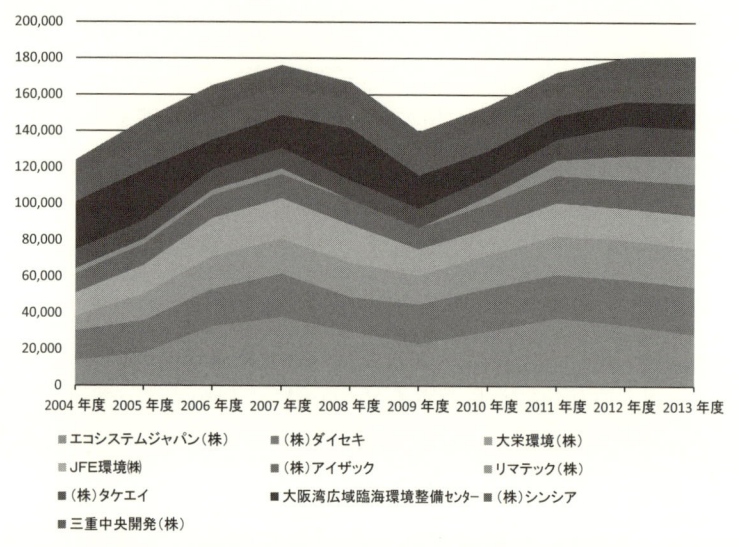

凡例:
- ■ エコシステムジャパン(株)
- ■ JFE環境㈱
- ■ (株)タケエイ
- ■ 三重中央開発(株)
- ■ (株)ダイセキ
- ■ (株)アイザック
- ■ 大阪湾広域臨海環境整備センター
- ■ 大栄環境(株)
- ■ リマテック(株)
- ■ (株)シンシア

図1. 産業廃棄物処分業売上高上位10社の売上高推移(2004年度〜2013年度)

ケールメリットを追求することには必然性があり、地域単位での寡占状況に至るまで競争環境は激化し続ける。鉄道業界や電力業界程ではないにせよ、今後はリサイクルビジネスでも年商で1千億円超規模を達成する企業または企業連合等が誕生する可能性もある。

　また、一般廃棄物の収集運搬や処分についても、自治体財政の逼迫を背景に民間活用の動きが拡大してきた。これまで成立してきた国内の各種リサイクル法は、「拡大生産者責任」を理論的支柱として民間参入の間口を拡大してきたが、最新の小型家電リサイクル法にはその要素が全く含まれていない。不燃ごみ・粗大ごみ等として回収された一般廃棄物を、高度な金属回収と適正処理を前提に認定事業者が広域リサイクルするという制度スキームは、処理施設の運転管理や民間委託促進のきっかけとなる可能性も秘めている。

廃棄物処理法上、一般廃棄物処理が自治体の責務である以上、継続的あるいは永続的な処理システムの維持確保が民間参入を認める上での条件となる。委託先となるリサイクルビジネスには、単独自治体による処理を上回る水準の適正処理や再資源化に加え、事業の永続性を高める採算性確保が求められるため、「大規模化」はその参入要件にもなる。さらに、小型家電リサイクルという広域処理を前提とした共通マーケットの拡大を契機に、産業廃棄物処理業と鉄スクラップ加工業の意識の壁も徐々に崩れていくことが期待できる。

　以上より、競争と淘汰を通じたリサイクルビジネスの「大規模化」は確実であり、その進展スピードのみが問われる状況にまできているのである。

3．リサイクルビジネスの「低炭素化」

3.1．低炭素化の必然性

　本稿で「低炭素化」の必然性に係る価値判断は行わない。我が国は「気候変動枠組条約国会議」に締約国として参画しており、国内では「地球温暖化対策のための税」を財源とした大規模な政策を導入しており、海外でも「二国間クレジット制度」（以下、「JCM」という。）を活用したインフラ輸出戦略を推進している以上、低炭素化推進は国是との前提で議論を進める。

　リサイクルビジネスの本来ミッションは適正で効率的な資源循環の促進にあるが、低炭素化への取り組みを避けて通ることはできない。特に東日本大震災以降の電力不足以降、サーマルリサイクルと呼ばれる焼却発電や有機性廃棄物のメタン発酵等が、再生可能エネルギーという観点で見直されている。

ただし、低炭素化のみに焦点を当てて目的に据えてしまうと、例えば安定五品目を例にとれば、近くの裏山に不法投棄することが最適解となってしまう。すなわち、リサイクルビジネスにとって低炭素化は一つの付加価値として位置付けられるべきであり、その他のクライテリアとの統合的なバランスの中で評価されるべきである。

　こうした中、環境省は2014年度から「エコタウン等における資源循環社会と共生した低炭素地域づくり補助金事業」を開始しており、既存の静脈インフラ集積地等における「資源循環と低炭素化のダブルゼロエミッション」に資する取り組みの支援を開始している。その先行事例として、川崎市はJFE環境とリコーとの連携により、「川崎エコタウンにおける廃プラスチック油化事業」（以下、「油化事業」という。）に取り組んでいる。両社が推進する油化事業では、川崎市周辺で発生する廃プラスチックを対象に、小規模な電気釜を活用する油化技術を導入した施設での処理を行うことで、現状は焼却後埋立に廻されているトナーカートリッジ等複合物品のケミカルリサイクルを行い、市内公共施設等で活用するビジネスモデル構築を目指している。

　同事業に係るFS調査は現在（2015年11月時点）も進捗中だが、2014年度末の段階で想定された事業計画に則って試算された低炭素化効果の概要を図2に示す。本試算は、環境省の「循環・低炭素FSワーキンググループ」（事務局：みずほ情報総研）の中で有識者等との意見交換を行い、一定のコンセンサスを得た手法を用いて算定されており、ベースラインとバウンダリの設定による算出手法が採用されている。その具体的な考え方は以下の通りである。

　同事業の処理対象となる廃プラスチックは、原則として焼却発

電されている品目であり、事業実施前のベースラインはサーマルリサイクルを前提として設定した。また、バウンダリの設定において、中間処理時のみを評価範囲とすると、リサイクル促進により CO_2 排出量が増加するケースがあるため、事業全体を評価範囲として CO_2 排出量の増減を計算した。評価範囲は循環資源の調達（輸送など）、処理・再資源化プロセス（製造時のエネルギー利用、処理時の焼却・排出分、製造過程での消失分など）、再生品の輸送、および輸送先での利用（燃焼時の排出を含む）、また、再資源化プロセス等で発生する残渣の処分、再資源化による代替効果までを評価範囲に設定している。ただし、事業実施前と事業実施後で、循環資源の調達に伴う輸送、廃プラスチック等の燃焼時の CO_2 排出量が変わらない場合にも評価範囲（バウンダリ）には含めたものの、そのプロセスの CO_2 排出量は相殺している。

　特に、リサイクルに伴う低炭素化効果算定においては、再資源化に伴う代替効果の評価手法が重要となる。本試算では、油化に伴う再生油のバージン原料との代替効果を「機能等価」で評価している。再生油は燃料であるため、燃焼で得られる熱量ベースで代替効果を考えることとして、燃料の品質に関する安定的なデータが得られない場合には、CO_2 削減量が小さくなる側（熱量が低い側）で評価した。

　以上を踏まえて、年間 5,400 トン（900 トン炉 × 6 基）規模の油化事業がもたらす CO_2 削減効果は、事業実施前との比較で「1 万1,523t-CO_2 ／年」（輸送時 4t-CO_2、中間処理時 3,591t-CO_2、資源代替分 7,928t-CO_2）に及ぶとの試算結果が得られている。

　本事業に限らず、エネルギー対策特別会計を財源とする補助金等政策措置は拡大傾向にあり、低炭素化効果の定量把握を前提にリサイクルビジネス振興においても後押しになる可能性が高い。

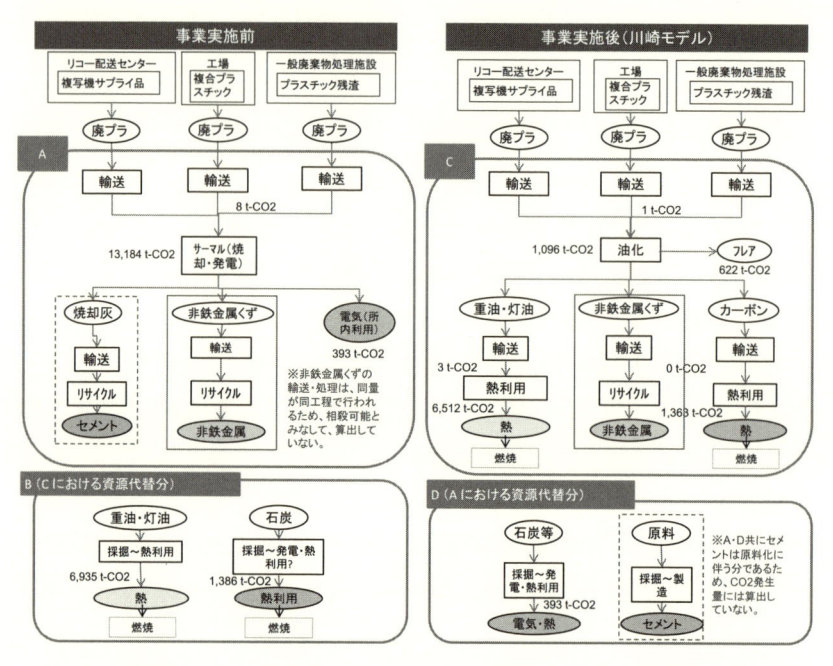

図2. 川崎市における「廃プラスチック油化ビジネス」の低炭素化効果

　環境負荷を CO_2 換算した上で統合評価するという手法は、今後さらに普及が加速するものと想定されるため、リサイクルビジネスにとっても他社差別化のための有効なツールとなっていくことが期待される。

3.2.　低炭素化に向けた課題

　現時点で、リサイクル事業がもたらす低炭素化効果算出手法は確立されていない。PET ボトルのポリエステル原料化や非鉄金属製錬等を例外として、一般的にリサイクルで抽出する素材類はダウングレードを前提としている。残念ながら一部の有識者からは、「遅かれ早かれ、最後は焼却や埋め立てに廻るなら、ライフ

サイクルで見ればエネルギーをかける分だけリサイクルは環境に悪い」との暴論も聞かれる。

　言うまでもなく、国民福祉と経済に必要な天然資源投入量を削減して、最終処分までの期間を延ばすことにリサイクル本来の重要な意義があるため、資源制約への対応や素材としての時間軸を無視したライフサイクル比較は乱暴過ぎる。だからこそ、リサイクルに伴う天然資源の代替効果の評価手法が重要であり、その開発および確立はこれからの最大の課題となる。

　いずれにせよ、本稿で例示した試算はリサイクル分野における低炭素化効果評価手法の先行事例の一つであり、産官学が一体となってこうした開発を進めることの意義は大きい。特に、既存焼却炉への発電設備設置等単純なリプレイスメントのケースを除き、ベースラインの排出量設定手法に係るコンセンサス確立は最大の課題となる。リサイクルに限らず、京都議定書が定めたクリーン開発メカニズムにおいても、認証排出削減量の算定にあたってその方法論を作成し、国際機関の承認を受ける必要があることが、普及拡大の足枷になってきた。また、JCM は我が国の優れた低炭素技術・製品等の普及により、途上国での温室効果ガス排出削減・吸収効果を我が国の削減目標に活用する仕組みだが、ここでも我が国の貢献を定量的に評価するための手法開発が課題となる。いずれの場合も、より簡素で実効性のある温室効果ガス排出量の測定、報告および検証手法の開発が進められているが、パートナー国との間でその有効性に係る合意を得ることは困難な状況にある。

　実測不可能なシナリオに基づくベースラインがバーチャルな試算となることは避けられないが、国是である以上、近く国内外の政府主導で統一的・具体的な指針が整備されることを期待したい。

さらに、一律的な測定・報告・評価の対象項目並びに関連する算定係数を予め設定した上で、情報システム等を活用することで、公正で公平な効果測定システムを構築することも有効であろう。また、低炭素化には例外なくスケールメリットが効く。火力発電所であれ焼却炉であれ、エネルギー効率向上だけに焦点を当てるなら、大規模化・集約化こそが合理的な解となる。火力発電所等発電施設の場合、福島第一発電所での原発事故の教訓から小規模分散型に対するニーズが高まっているが、焼却炉の場合、「域内処理の原則」という縛りもあって大規模化によるエネルギー効率向上の余地は未だに十分にある。リサイクルビジネス大規模化の流れに合わせて焼却施設の統廃合を進めることで、自治体の境界や許認可エリアに囚われない収集対象設定等の最適解を見出すことも、低炭素化促進に向けた課題に位置付けられる。

なお、世界に目を向ければ、現在欧州連合が実現を目指している資源効率政策（A Resource Efficient Europe）では、2025 年までに無害な廃棄物におけるリサイクル可能な廃棄物の埋め立て処分を段階的に廃止することなどが目標に掲げられており、最終処分量削減に有効な廃棄物発電の重要性が見直されていることからも、合理的な評価手法に基づく、リサイクルの低炭素化に向けた動きは益々拡大していく。

4．リサイクルビジネスの「グローバル化」

4.1．グローバル化への道のり

少子高齢化が急速に進展する我が国で産業が成長を目指すなら、業種・業態を問わずグローバル化を避けて通ることはできない。そのコンセンサスがあるからこそ、リサイクルビジネスが海

外展開を目指す動きは 10 年以上前から拡大してきた。環境省や経済産業省の請負や委託による FS 調査の実績は、アジア諸国を中心に積み上がっている。ただし、企業単位のミクロの取り組みを精査すると、その成功事例は極めて少ない。焼却炉の設計・調達・建設のハード整備を行う EPC 事業等では実績が見られるものの、日系企業が現地で事業主体となって現地で収益事業化を行う、いわゆる「インフラ輸出」の成功に向けた道のりは遠い。

　現地事業化を実現するためには、国の根幹ともいえる社会インフラの権益に入り込む必要がある。敗戦後から積み上げた我が国の経済発展を振り返っても、道路、鉄道、港湾、電力、ガス、上下水道、郵便、通信、廃棄物処理等のインフラビジネスで、事業主体として海外企業を受け入れた事例は見当たらない。国民福祉に直結するインフラサービスの持続的な提供には一定水準の公的関与が不可欠であり、外国企業に依存することに対する抵抗感が強かったことがその要因と想像される。

　ただし、民間資金を利用して公共施設整備と公共サービスの提供を委ねる PFI 手法が広まりつつあり、「WTO 政府調達協定」との兼ね合いもあって、世界中で海外企業の参入が可能となっているのは事実である。我が国が参入を目指すアジア諸国等新興国でも、高度なインフラ整備推進の手段として、いきなり民間資金活用を目指す動きも顕在化しており、そこに外資の参入機会が生まれている。

　廃棄物処理やリサイクルに目を戻せば、急速に増加する廃棄物の直接埋め立てが自然環境や生活環境に悪影響を及ぼし、住民意識の高まりに伴って処分場建設が困難となっていることから、高度な中間処理による減量や無害化処理に対するニーズは確実に増加している。特に、焼却発電を含む中間処理にはその解決策とし

て期待が高まっている。ただし、インフラ輸出を目指す我が国と現地関係者との間で埋められない認識のギャップとして、中間処理を逆有償で行うことに対する理解を得るのが困難である点を見逃してはならない。

リサイクルを通じてトータルの廃棄物処理コスト削減を目指す考え方は当然だが、我が国では各種リサイクル法導入に際して「拡大生産者責任（以下、「EPR」という。）という政策ツールが導入され、自治体から製造事業者等に対するコスト移転が行われてきた。1970年の廃棄物処理法施行以来、我が国の廃棄物処理は衛生処理を目的とした公共サービスからスタートしたことから焼却炉や最終処分場の建設を含めて、全面的に公的資金で賄うことを前提に発展してきた。その上で自治体による分別収集を前提に、生産者に対して再商品化のための費用負担に係る制度的義務を負わせることで、逆有償による品目別リサイクルシステムが構築された。この一連のプロセスを経て、一般市民の間で分別排出に対する意識も高まり、事業者側は金銭的負担の発生を受け入れてそのコスト負担軽減策に取り組み、高度な中間処理施設が全国的に展開されるようになったからこそ、今では自治体の固有事務である公的サービスとしての廃棄物処理経費が低減される方向に向かっているのである。

以上のような発展プロセスを、全く同じではないにせよ、これからアジア諸国が踏襲していくこととなる。我が国リサイクルビジネスのグローバル化は、その発展プロセスに応じた商機を見極めつつ進めていく必要がある。

4.2. グローバル化の前提となるアジア諸国の発展プロセス

表2は、環境省が2012年5月に発表した「海外の環境産業市

場規模の推計」に記載のデータを基に筆者が加工・作成したものである。現状として、国民一人当たりの「廃棄物処理・資源有効利用」に係る市場規模は、日本が 4 万 9,828 円であるのに対し、中国 2,714 円、インド 891 円、タイ 2,846 円、インドネシア 590 円、ベトナム 50 円である。無論、今後の経済発展に伴い各国の市場が拡大することは確実だが、問題は GDP 対比で見た際の割合である。日本では一人当たり GDP 対比で 1.1％であるのに対して、中国 0.946％、インド 0.883％、タイ 0.882％、インドネシア 0.415％、ベトナム 0.065％に留まっている。さらに、2020 年、2030 年の各国での割合を見ても大差はなく、むしろ低下する傾向さえ見られる。無論、マクロ経済に関わる将来推計データをそのまま鵜呑みにすべきではなく、例えばベトナムでの市場規模や GDP 対比の割合は低すぎると考えるのが妥当ではあるが、一つの目安と捉えていただきたい。

　特に一人当たり GDP 対比で見た市場規模の割合は、「各国経済全体における廃棄物処理・資源有効利用の相対的な重要性」の指標と見ることができる。その水準の妥当性はともかく、1.1％を超える我が国との対比で半分にも満たない市場規模に留まるのであれば、アジア諸国におけるリサイクルビジネスの発展は期待できない。無論、環境省の推計はあくまで現状の傾向から見通した試算であり、既述の認識のギャップが各国でどのように埋められていくかの見極めが重要となる。

　図 3 は、公益財団法人地球環境戦略研究機関が描いた「アジア発展途上国の電気・電子製品に対する拡大生産者責任政策：『段階的導入アプローチ』の提案」である。第 1 段階として示された「廃棄物管理の改善及び関係者の能力向上」は、必ずしも EPR には直結しないが、第 2 段階として示された「消費と生産への環境

表２．アジア諸国における「廃棄物処理・資源有効利用」の市場

廃棄物処理・資源有効利用の市場		中国	インド	タイ	インドネシア	ベトナム	日本
国民一人当たり市場規模（円／年）	2008年～2011年の推計値	2,714	891	2,846	590	55	49,828
	2040年の予測	4,737	1,139	3,431	969	201	－
	2050年の予測	7,084	1,746	3,804	1,499	353	－
GDP総額に占める割合（%）	2008年～2010年の推計値	0.946	0.883	0.882	0.415	0.065	1.103
	2020年の予測	0.730	0.686	0.688	0.390	0.140	－
	2030年の予測	0.522	0.655	0.500	0.370	0.145	－

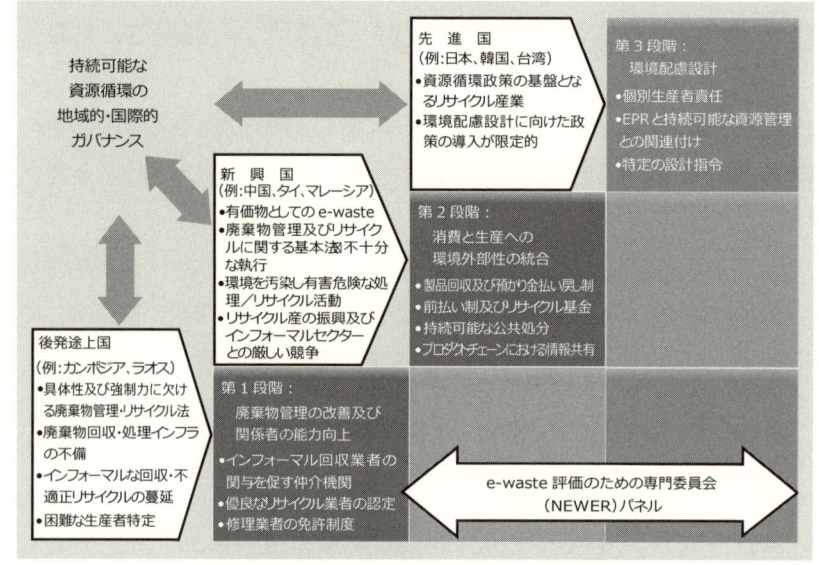

図３．ＥＰＲの段階的導入アプローチ
（「アジア発展途上国の電気・電子製品に対する拡大生産者責任政策」からの引用）

外部性の統合」の前提条件となる。段階的導入アプローチの成否は、消費と生産に環境外部性が伴うという事実に対する認識を現地の関係者に理解させられるか否かにかかっている。だからこそ、第１段階から第２段階のプロセスは、リサイクルビジネスだけで

なく、行政ノウハウを有する国や自治体による支援とのパッケージ展開が必要となるのだ。第3段階の「環境配慮設計」は、第2段階を受け入れた製造事業者にとっての必然であり、十分な制度的インセンティブさえ担保されれば、技術の進化と足並みを揃えて確実に進展していく。

各国でこうしたプロセスの実現にどれだけの年月が必要になるのかを見極めることは容易ではない。それでも、官民を挙げてこのプロセスを後押ししながら一定のプレゼンスを確保することが、いずれ我が国リサイクルビジネスの成長を通じて大きな国益をもたらすはずである。

なお、このプロセスにおいても展開先の国情に応じた導入技術のファインチューニングが必要となる旨は補足しておきたい。多くのアジア諸国では、焼却処理に対する抵抗感が強い。現地NPO 等による「焼却＝ダイオキシン」といった偏見が植え付けられており、フィリピンのように制度的に禁止されている国もある。そうしたケースでは、海外企業が焼却の合理性と安全性に係る科学的な根拠を提示しても受け入れられる可能性は低い。単に発電設備を備えた焼却炉を、「バイオマス発電施設」と呼ぶとともに、安定的な電力供給手段としての側面を PR することも、制度的なハードルを乗り越えて事業を実現するための手段として不可欠なのである。

インフラ輸出は、すでに中国や韓国、ドイツ等競合国でも成長戦略に位置付けられているからこそ、アジアインフラ銀行が設立されたのであり、グローバル市場における残された成長分野であることには間違いない。自国産業の育成を通じた経済発展は、中長期的な国益を踏まえて制度的に調整を加えることが可能だが、他国をフィールドにした競争は目先の勝負に勝たなければ次の手

を打ちようがない。

　結果、個別入札等に求められる戦術は、マーケットインの徹底となる。「質の高いインフラ投資」という理念は正しいが、コスト面・機能面、さらには現地住民の目先のニーズを外部要件として受け入れて、その範囲内で最適な提案を行う必要がある。我が国産業が「技術で買って、商売で負ける」という批評は一見自虐的に見えるが、逆にいくばくかの無用なプライドが含まれているのも事実であり、まずは廃棄物処理先進国のプライドを捨てるところから挑戦を始めるべきである。リサイクルビジネスにとって、商売に負けて製造業と同じ轍を踏んでしまう時間的な余裕はない。

5.　我が国リサイクルビジネスの将来展望

　我が国リサイクルビジネスが挑むべき「大規模化」「低炭素化」「グローバル化」という3つの方向性は、それぞれが有機的に連動して進化する。まず、「大規模化」は焼却施設の高度化やスケールメリット等を通じて国内での「低炭素化」を促す。また、「低炭素化」はJCMプロジェクトを例に挙げるまでもなく、「グローバル化」を進める上での大義に位置付けられる。さらに「グローバル化」は海外マーケットの新規獲得を意味しており、さらなる「大規模化」に必要な企業体力の強化を促すのである。

　逆に見れば、大規模化はアジア諸国等を舞台にした他国のリサイクルビジネスとの競争に勝ち抜くための必要条件であり、「絞った雑巾」と言われる国内よりも海外市場の方が低炭素化の余地が大きく、低炭素化は大手リサイクラーが広域リサイクル等を前提とした大規模化を進める名分になり得る。(図4を参照。)

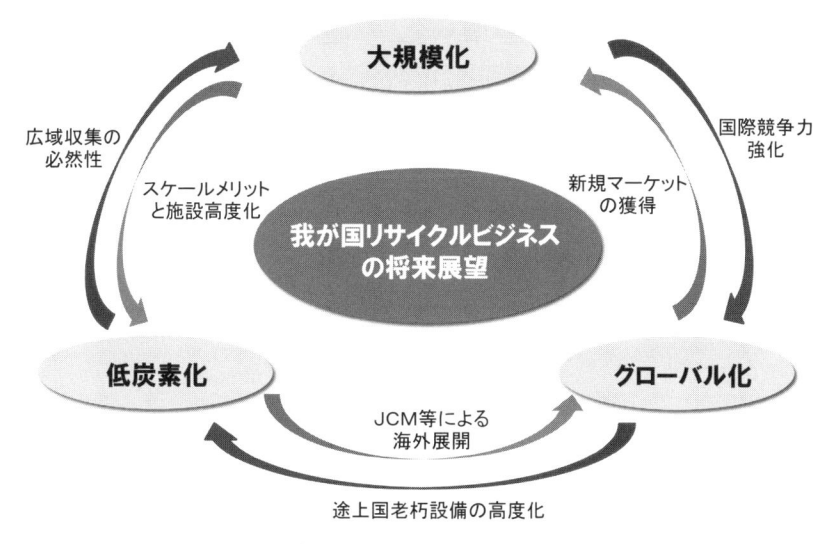

図4. 我が国リサイクルビジネスの将来展望

　リサイクルビジネスにとっての成功は、少子高齢化を背景にした「普通の産業」としての危機感を持ちつつ、成長と進化を遂げられるか否かにかかっている。本稿で述べた課題の解決は、これまで慣れ親しんだ業界構造を否定するところからスタートすることになる。限られたパイを地域や業界ごとに分け合って、誰もが生き残れる時代は終わったのである。

　将来展望をテーマにした本稿は、フランスの哲学者アランの「悲観主義は気分によるものであり、楽観主義は意志によるものである」との金言を念頭に置いて執筆した。そもそも誰にもわからない将来だからこそ、その実現性と広がりはマクロ的な関係者全体の意志に左右されるため、最後は楽観主義に基づいた精神論を述べるしかない。「大規模化」「低炭素化」「グローバル化」という大きな方向性を踏まえて、我が国の行政機関や事業者が高い志を抱きつつ、持続的な姿勢でその実現に向けて取り組むならば、リ

サイクルビジネスの将来は明るい。

（廃棄物資源循環学会誌・2015 年 11 月掲載）

参考文献

1 ）帝国データバンク企業情報／業種別売上ランキング：産業廃棄物処分業、2015 年 5 月

2 ）帝国データバンク企業情報／業種別売上ランキング：鉄スクラップ加工業、2015 年 7 月

3 ）川崎市：エコタウン等における資源循環社会と共生した低炭素地域づくり事業川崎エコタウンにおける「廃プラスチック油化ビジネス」に係る FS 調査事業 (2015) 報告書

4 ）Akenji, Lewis; Hotta, Yasuhiko; Bengtsson, Magnus and Hayashi, Shiko: アジア発展途上国の電気・電子製品に対する拡大生産者責任政策：「段階的導入アプローチ」の提案, POLICY BRIEF, Vol. / Issue: Number 14, 2011/09

5 ）環境省：海外の環境産業市場規模の推計 (2012) http://www.env.go.jp/policy/keizai_portal/B_industry/1-5.asia.pdf (閲覧日 2015 年 9 月 30 日)

Trace&Recycle

第2章
勝者のコアコンピタンス

Trace & Recycle

「管理型最終処分場」という切り札

リサイクル補完する最強ツール

　逆説的だが、リサイクルビジネスの競争力を高める最強のカードは、管理型最終処分場（以下、「処分場」という）である。現に売り上げ規模が100億円を超える超大手リサイクラーの多くが処分場を保有しており、その利益率は中間処理より総じて高い。以前、銀行の融資担当者から、処分場へのプロジェクトファイナンスについての相談を受けた経験がある。それ自体、レンダー側が積極的にアレンジに乗り出すほど、長期的収益が確実な事業である証左と言える。

　2011年度の産業廃棄物最終処分量は全国1,200万トン強で、発生量の3％に過ぎず、毎年減少している。それでも処分場がリサイクラーの強みとなる第一の理由は、収集運搬から中間処理までを原価で受けても、最終処分で利益を稼ぐ体制が構築できることにある。すなわち、処分に至る処理手法やサービスの水準が同じなら、価格勝負で勝てる。

　「ゼロエミッション」を目標に据える大手排出者は多く、最終処分を避けるための出口には、セメント原燃料化が選ばれる。た

勝者のコアコンピタンス（1）：管理型最終処分場

対 象 企 業	収集から処分までを担う中核企業	対 象 品 目	遮断型最終処分場でしか処分できない基準未満の全ての産業廃棄物および土壌
投 資 規 模	50億〜100億円		
期 待 効 果	○埋め立て完了までの長期的な収益および高い利益率の確保が確実な資産の保有		
主 要 課 題	●設備投資費用の確保／適切な立地選定／地元合意形成		

	コスト競争力強化	汚染土壌等の受け入れ	一般廃棄物処理への参入
ツールとしての優位性	・収集運搬から中間処理までを原価で受けても、最終処分で利益を稼ぐことができる事業モデルの構築	・セメント原料化との比較におけるコスト競争力 ・洗浄等のサイトを経由しないことによる輸送コスト低減	・ＰＦＩの担い手としての財務的健全性および災害時等の処分先確保という「無形の安心感」の提示
リサイクルビジネスにおける意味合い	①企業体力の大きい地域密着型のリサイクラーが競争力強化を図るための切り札 ②一気通貫の処理において高度な中間処理等を補完するためのマーケティングツール ③コストをかけても地元が納得する施設への再生を前提とした持続可能な事業運営		

だし、セメントの廃棄物受け入れ量は年次計画で定められており、急な受け入れには高値が提示されるのが通例である。特にセメントが嫌う塩素分や重金属の含有割合が高い飛灰や汚泥等の場合、少なくともコスト競争力という観点では処分場に軍配が上がる。

　廃棄物の処分量が減少しても、第２溶出基準以下であれば汚染土壌の処分も可能である。建設需要が旺盛な当面の間、発生土等の処理ニーズは拡大する。こちらも目先のライバルはセメントだが、勝負の決め手は輸送コストである。船を使った大量輸送では系列の海運会社と連携するセメントに優位性があるが、ダンプでの陸送は単純に距離がものを言う。浄化や調質のために別サイトを経由するなら、直接処分場に運び込む方が優位となる。

　さらに期待が高まる分野として、ＰＦＩ方式による一般廃棄物処理施設の建設・運営への参画が挙げられる。オペレーションのみを請け負う場合を除き、民間委託には災害や事故等を含む処理

停滞リスクへの懸念が付きまとう。処分場の保有により財務的な健全性に加え、万が一の処分先確保という無形の安心感も示すことができる。結果、発注自治体と住民双方の理解醸成の後押しとなる。

　以上の通り、処分場の保有は良いことずくめだが、莫大な設備投資のみならず、地元の合意形成という高いハードルを越えなければ実現できない。だからこそ、地域密着型の中核企業が保有すべき切り札に足り得るのである。一方、最終処分は目的ではなく手段であり、高度な中間処理等との組み合わせこそがその商品価値を高めることを忘れてはならない。むしろリサイクルを補完するツールとしての活用を志すべきであり、単なる処分業者は、資産を食い潰した後に事業継続の道筋を見失うことになる。

　最後に、処分完了後に造成した土地の有効利用は、前向きな投資として捉える必要がある。コストをかけても地元が納得する施設への再生は、新たな処分場を開くための近道にもなる。

Trace & Recycle

「情報システム」の威力

「情報化」で問われる本業の実力

　制度としての廃棄物処理やリサイクルを支える情報システム構築は、1990年代後半から進められてきた。電子マニフェストや自動車リサイクルシステムなどがこれに該当する。いわゆる社会インフラであり、税金あるいは業界団体の経費で構築されて、制度的責務を負うステークホルダーによる共同利用にその主眼が置かれてきた。ちなみに、こうしたシステム構築の担い手は、いわゆる大手ＩＴベンダーである。

　一方、昨今急速に拡大しているのは、リサイクラー自らが提供するサービスとしての情報システムである。サービスである以上、それなりの対価は請求するが、狙いは本業の売上拡大に他ならない。すなわち、集荷に資する「営業ツール」となる情報システムが、威力を発揮し始めている。

　制度化当初、排出事業者に受け入れられなかった電子マニフェストの普及率も、今年３月末実績で約35％に至っている。この背景には、一般的なＩＴ化進展のみならず、リサイクルビジネスの事業環境変化が見られる。具体的には、いわゆる「廃棄物管理」

勝者のコアコンピタンス（２）：情報システム

対象企業	中立的提案が可能な処理事業者	対象品目	全ての廃棄物及び循環資源
投資規模	100万〜1,000万		
期待効果	○大手企業等の「廃棄物管理」ニーズに応えるサービス提供と情報優位性の確保		
主要課題	●現場実態を踏まえた入出力機能を備えたシステム構築／本業の提案力強化		

ツールとしての優位性	情報化ニーズへの対応	他社情報の把握	コンサルティング機能の強化
	・無許可業者との請負契約締結等のリスク低減サービス ・細分化した廃棄物処理・リサイクルに係る実態把握	・他社との連携体制整備を通じた排出事業者の囲い込み ・相対的に競争力のある処理価格の提示	・合理的な処理手法の提案を行うための根拠データ管理 ・情報優位性を生かした「＋α」の事業提案の材料

リサイクルビジネスにおける意味合い	①大手排出事業者等にとっての「見える化」推進のためのツール ②処理事業者が提案する処理手法の優位性やコスト競争力の説得力を高めるための手段 ③リサイクルビジネスの競争と淘汰を加速する「情報化」推進の原動力

が、建設業や製造業のコーポレート・ガバナンスの一分野として確立してきたためである。現場を含め誰もが情報端末を保有する今、入力作業の負荷を超える必然性やメリットがあれば、情報化は進展する。この機に「＋α」のサービスを提供すれば、情報システムはリサイクラーの強力な武器となり得る。

　まず、特に大手企業にとって、グループ傘下の工場や事業所での適切な処理業者選定が課題となっている。廃棄物処理法に則った許可期限の更新などを不作為に怠る処理業者は今も散見されており、結果的に「無許可業者」との請負契約を締結してしまう事例は後を絶たない。行政側が、許認可切れのアラームを事前に処理業者に知らせることは皆無であり、コンプライアンス対策としての「廃棄物管理」が、ニーズとして顕在化している。

　次に廃棄物処理の細分化が、情報管理ニーズを高めている。かつて産業廃棄物として一括で処理委託を行ってきた排出事業者

も、有価販売が可能な物品は買い取り価格の高い処理業者を選んで販売することが常識化している。一つの工場が多数の処理業者と請負契約を締結することも一般的になり、本社が全社的な排出・処理の実態等を把握するには、情報システム活用が不可欠となったのである。

　こうした中、「廃棄物管理」のニーズを捉えた処理事業者は、企業全体の処理情報を把握した上で、コスト削減にも資する高度な処理手法を検討できる。すなわち、当該企業をお客様とする全ての業者の手の内を見越した上で、自社の強みを生かした提案を通じて、本業の売上拡大を実現しつつあるのだ。

　ただし、情報化の進展は、排出事業者と処理事業者との間にある「情報の非対称性」を緩和する。情報システムを排出事業者目線で見れば、「見える化」のツールに他ならない。非合理的な処理価格の提示は困難となるため、長続きすることはない。最後に問われるのは本業の実力であり、情報システムはその説得力を高めるための手段として位置付けるべきであろう。

Trace & Recycle

「運搬車両」の安定確保
流通業でもあるリサイクラーの課題

　公共事業増大や首都圏での建設需要拡大に伴い、ダンプ等運搬車両が全国的に不足している。バルク系の廃棄物や汚染土壌等を扱うリサイクラーにとっては他人事でなく、運搬経費の高騰が事業収支を悪化させるリスクも高い。業として収集運搬を行うためには登録車両の保有が必須だが、施設運営という観点で見た運搬車両確保に画一的な最適解は存在しない。受け入れ品目や顧客との関係性等複合的な事業の現状を踏まえた体制整備が、競争力強化に直結する。

　まず、自前車両を保有することのメリットは、顧客要請に応じた迅速なフットワークの確保にある。運搬費込みでの有価取引が可能な鉄くずでも、中間処理施設を保有する事業者の多くは自前車両を保有している。日々の相場変動の影響を最小化して、迅速な収集や素材供給を行う必要があるからである。ただし、運搬車両の保有は運転手雇用とセットになるため、高い稼働率を維持できなければ、固定費が嵩む。結果、大手リサイクラーでも自社の処理能力に遠く及ばない台数の車両しか保有していないケースも

勝者のコアコンピタンス（３）：運搬車両の安定確保

対 象 企 業	廃棄物処理施設を保有する事業者		
投 資 規 模／ 請 負 単 価	購入（台）：1,000万〜1,500万／ 常用単価（日）：3万円〜4万円 ※10トンダンプ車を想定	対象品目	バルク系の廃棄物（鉄くず、木く ず、汚泥等）、汚染土壌、建設資 材（土砂、骨材等）、等
期 待 効 果	○排出事業者や循環資源販売先の要請に応える集荷・納品時のフットワーク確保		
主 要 課 題	●施設にとって過剰な固定費削減と安定的な足回り確保の両立		

ツールとしての 優位性	**自前車両の保有**	**傭車の手配**	**施設での受入**
	・顧客要請への迅速な対応	・業務量に応じた足回り確保	・物流時等のリスク回避
リスク	・運転手を含む固定費の増大	・常用単価高騰時のコスト増	・排出者への営業機会損失
リサイクル ビジネスにおける 意味合い	①流通業としての側面を持つ、リサイクルビジネスの事業収支を左右する主要課題 ②単価高騰への対策となる運送会社との安定取引や片荷運行の最小化が利益確保の条件 ③「自前車両の保有」「傭車の手配」「施設での搬入」からの選択と組み合わせによる最適解の追及		

循環資源のリサイクルフロー（一般的な事例）

多い。

　次の手法が、「傭車」の手配である。車両と運転手一体で貨物の輸送費用を受け取るには、原則として貨物自動車運送事業法に基づく許可（青ナンバー）が必須となる。ただし、「生業と密接不可分な運送行為には運送業の許可不要」との例外も認められているため、産業廃棄物の収集運搬車両にも白ナンバーが多い。施設を保有するリサイクラーは、運搬車両が不足すれば、本来は「自家用」の白ナンバーも利用することになる。いわゆる常用単価は、燃料費の増大のみならず、白ナンバーの単価上昇に引っ張られ、貸し切り運賃が定額のはずの青ナンバーにも及ぶことで高騰する。常用単価の高騰リスクを避ける手段は２つ考えられる。一つは安定した仕事を供給することで運送会社との付き合いを深めることである。体力のあるリサイクラーは、市況に関らず安定した価格で青ナンバーの車両を確保できている。また、規模が小さい

リサイクラーがスポットでの取り扱いを行う場合などには、実運送事業者向けの往復貨物を用意することもある。具体的には、静脈物資の搬入を求める際、別荷主の動脈貨物等の情報提供を行うことで、片荷での運行をなくす代わりに運賃の引き下げを求めるのである。片荷輸送の削減は、事業者にとってＷＩＮ―ＷＩＮであるのみならず、環境負荷削減にも寄与する。

　最後に、運搬手段を持たず、あくまで施設で受け入れるという選択肢もある。実質的な営業行為を他の運搬事業者に任せることは一般論として無謀である。したがって、制度的な裏付けや特殊な処理技術等により、集荷が安定確保できるリサイクラーのみが採り得るアプローチとなっている。ただし、収集運搬プロセスのリスクや受け入れ拒否時の運賃発生を避けつつ、定額の処理費・処分費を稼げるという点では、理想的でさえある。

　リサイクルビジネスが流通業でもある以上、足回りの最適化は事業運営における主要課題である。利益を生み出す事業者は、例外なくその最適化手法を追求している。

Trace & Recycle

「破砕機」の生産性
〝都市鉱山〟に挑む中間処理設備の王様

　市中スクラップや使用済み製品を「都市鉱山」に見立てて、金属系資源を抽出する中間処理施設の主役は破砕機である。製錬・精錬等により純金属に還元するプロセスは天然鉱石と全く同じであり、中間処理段階の課題はその品位向上や性状の調整にある。

　リサイクラーが電炉や製錬会社に販売する破砕後原料の大まかな売却単価は、銅くずでも50万円／トン超、金銀滓と呼ばれる基盤等の破砕物なら100万円／トン超に及び、他素材とは比較にならない程に高い。無論、仕入段階から有価の品目も多く、売却時の相場変動幅も大きいため、利益が出るとは限らないが、マーケット規模は間違いなく大きい。破砕機は木くずや古紙などの燃料化用途にも利用されるが、本稿では金属系資源を処理する破砕機の生産性について、検証を行う。

　破砕機には、その機能や性能に応じてピンからキリまでがある。ピンの代表がいわゆるカーシュレッダーであり、廃自動車や家電製品のガラを丸ごと砕いて原料化する。例えば2千馬力のプラントで月間7千トン、廃自動車換算で8千台以上の処理が可能であ

　る。シュレッダー処理後の鉄くずは、電炉への投入効率や溶融効率が高まるため、３千円／トン程度の付加価値が生まれる。集荷安定性の確保という最大の課題をクリアできるなら、年間売上規模は数十億円単位で担保される。ただし、透明性の高い市場での廃自動車等調達は競争が激しく、電気料金の高騰もあって、利益を生みだすことは難しい。鉄スクラップの取り扱い自体は売上増大の手段と割り切るべきであろう。

　一方、利益の源泉として期待できるのが非鉄金属回収である。非鉄金属は電炉が嫌う不純物であり、銅製のワイヤーハーネスやアルミ製のエンジンなどは事前に徹底して抜き取られる。破砕機であれば、磁力や渦電流による選鉱プロセスで鉄と非鉄を分離するが、自動選別可能な分は当初収支に折り込み済みの売上げに過ぎない。むしろ破砕後のダストに残存する金・銀・パラジウム等を抽出した上で、金銀滓として販売すれば抽出量は矮小でも高い

利益が生まれる。また、セメント原料化などを通じてダストの処分費も削減可能となる。

　昨今は小型家電製品に含まれる希少金属の再資源化を視野に、ハンマークラッシャーやクロスフロー、竪型破砕機など、剥離性や分離性の高い機種への注目が高まっている。ただし、最終的な分級・濃縮工程では手作業による原始的な選別工程の地道な組み合わせが不可欠となる。すなわち、高度な設備と分級・濃縮ノウハウなどの最適な組み合わせによる希少金属回収の高度化こそが、利益を生み出す破砕機の生産性を左右するのである。

　さらに、特に大型破砕機を保有するリサイクラーにとって、一般廃棄物処理も新たなマーケットになりつつある。リサイクル制度整備に伴う分別収集定着が、不燃ごみや粗大ごみの発生量を削減しており、破砕処理施設の稼働率および新規投資の必然性は低下している。民間ノウハウ導入による一般廃棄物からの金属回収徹底は、「都市鉱山」開発のフロンティアであり、リサイクルの「質」が向上するならば、歓迎すべきトレンドと言えよう。

Trace & Recycle

「広域認定」の可能性
メーカーとリサイクラー連携強化の試金石

　広域認定とは、「拡大生産者責任」に則って高度なリサイクルの実現を促す特例制度であり、その申請主体はメーカーなどである。認定取得により、地方公共団体ごとの「業の許可」が不要となり、広域収集によるスケールメリット確保や特定施設での再資源化が可能となる。同制度は資源有効利用促進法などに則って、自主的に回収量や再資源化実績の向上を目指すメーカーや業界団体によって活用されてきた。リサイクラーはその受け皿の役割を果たしてきたが、さらに積極的な営業ツールとしての活用は今後の課題である。

　産業廃棄物で見ると、2004年の第1号認定からの10年間で195件の認定事例があり、現状の対象品目としては、「電機電子機器類」、「住宅用建材・設備」、「繊維製品」などが目立つ。複写機ならリースアップ時、廃材や廃設備機器は解体・リフォーム時、ユニフォームは一斉買い替え時などの機会を捉えて、効率的な自社物品回収が行えるためである。ただし本業でない以上、メーカーなどは目先に課題があれば自ら責任を負うより、通常の処分を選

勝者のコアコンピタンス（5）：広域認定

対象企業	メーカ等と連携するリサイクラー	潜在対象品目	インフラ系構造物（電柱、配管）、業務用製品、新エネ関連機器（太陽光パネル、蓄電市）、等
投資規模	15万円（登録免許税）＋事務費		
期待効果	○メーカ側の課題解決を前提とした広域リサイクルシステム構築による安定集荷実現		
主要課題	●広域認定制度の主旨を踏まえた認定基準への適合並びに認定の取得		

ツールとしての優位性	「業の許可」不要の広域処理	安定集荷システム構築	排出事業者との連携強化
	・地方公共団体毎の「業の許可」が不要となることで、広域での集荷並びに再資源化が可能となること	・認定申請時に処理行程図や処理方法が固定化するため、自社の責任範囲や集荷量が安定すること	・メーカ側から素材や設計に係る情報提供を受けること等により、高度な再資源化を実現出来ること

リサイクルビジネスにおける意味合い	①広域集荷を前提とした新たな再資源化システム構築を目指すリサイクラーにとっての営業ツール ②申請主体の課題や潜在ニーズの解決に資する回収・再資源化手法の提案と他社差別化 ③メーカとリサイクラーの連携を通じた「拡大生産者」の具現化に向けた試金石

ぶ。回収以降の主役は再資源化のノウハウや処理施設を有するリサイクラーであり、メーカーなどの課題や潜在ニーズを踏まえた連携方策の提案こそが、新たなビジネスチャンスを生み出す。

　ではリサイクラー側から広域認定の申請を提案すべき品目は何か。まず発生量が大きいのは電気、ガス、通信などのインフラ関連の構造物である。例えば電柱や配管などは電気会社やガス会社が指定する明確な規格に則って生産され、定期的に交換・廃棄が行われる。インフラ系企業の多くは、地域会社や営業所単位で廃棄物処理を地場の処理業者に委託しているケースが多い。広域に張り巡らされた構造物の高度処理を一括で請け負うとの提案は、再資源化量拡大に加え、コンプライアンス徹底に資する一元管理の観点からもインフラ系企業に訴求するメリットとなる。

　次に事務所で発生するオフィス家具や業務用空調などにも可能性がある。オフィス家具は中古品としては古物商が、廃棄物とし

ては地場の産廃業者がその太宗を回収しており、現状メーカーなどのアクセスは限定的である。例えばメーカーなどが古物商の免許を有する大手リサイクラーとタイアップして認定を取得すれば、再利用と再資源化の組み合わせにより低迷する回収率は一気に高まる。一方の業務用空調は建物解体時に請負業者のゼネコンなどによる有価売却が行われている。その多くが「雑品」として海外に輸出されているとも言われ、メーカー主導の回収システム構築は国内資源確保の観点からも重要な課題である。例えば解体業の許可を持つリサイクラーなら、メーカー側に回収のアクセスポイントを提供できる可能性もあり、タイアップ効果は大きい。

最後に太陽光パネルや蓄電池など新エネルギー関連機器類も資源性が高く、伸び白が大きい品目である。ただし、普及期である現在の出荷量に対して、当面の回収量はわずかに過ぎない。大規模回収システム構築には、息の長いメーカーとの連携と、レアメタル回収などを含む技術的な差別化手法の提案が求められることになる。

メーカーとリサイクラーの連携強化抜きに拡大生産者責任という政策ツールは機能しない。広域認定の利用拡大は、その試金石としての可能性を秘めている。

Trace & Recycle

「一般貨物船」の有効活用
モーダルシフト促進を支えるパートナーシップ

　逆有償・有償を問わず、リサイクル貨物の単位当たり付加価値は低く、物流コスト低減は普遍的な課題と言える。その手段として、車両運送から船舶輸送への切り替え(以下、「モーダルシフト」)は、経済面・環境面で明らかに合理的な手段である。特に鉄スクラップや建設発生土、スラグ等のバルク系貨物の場合、沿岸部に立地する素材系施設に一括で搬入できるメリットは大きい。船舶輸送の実績は増加傾向にあるが、本来のポテンシャルとそのメリットを考えれば、さらなる促進を図るべきと言える。本稿では、一般貨物船(以下、「船」)による船舶輸送を念頭に、その拡大に向けた個別課題などの整理を行う。

　最初の課題は、積地となる港湾への貨物の集積にある。499 GT型のオーソドックスな船で、建設発生土やスラグなら1500トン程度を積載できる。一方、大規模建設現場など特殊なケースを除き、内陸部の発生源は分散しており、港湾への搬入日時にもズレがあるため、効率良い荷役作業には港湾地域での集積・保管機能が必須となる。倉庫利用はコストが嵩むため、適切な環境配慮を

勝者のコアコンピタンス（6）：一般貨物船				
対 象 企 業	バルク系貨物を扱うリサイクラー	潜在対象品目		鉄・スクラップ、石炭灰、建設発生土、スラグ等
投 資 規 模	傭船費約60万円／日＋燃料費（499GT型一般貨物船の場合）			
期 待 効 果	○安定的な集荷量とチャーター船確保を前提とした広域物流ネットワークの構築			
主 要 課 題	●集積スペースの確保／公正な共同利用手法の確立／積地と揚地の貨物マッチング			
ツールとしての優位性	大量貨物の一括輸送	共同利用による安定出荷		片荷回避によるコスト低減
	・車両運送から船舶輸送への「モーダルシフト」実現を通じた物流コスト及び環境負荷の削減			
有効活用のための個別課題	・港湾での集荷・保管スペース確保による荷役効率向上	・混載貨物の品質や量に応じた費用・売却費の公正配分		・事業者連携による動脈貨物と静脈貨物のマッチング
リサイクルビジネスにおける意味合い	①「単位当たりの付加価値が低い」リサイクル貨物の物流コスト削減のためのツール ②荷主であるリサイクラー主導で片荷を回避して、稼働率を高めることによりコストメリットを最大化 ③港湾関係者との調整や民間事業者同士のWIN－WINの連携体制整備が更なる促進の条件			

前提に、港湾管理者との調整により、一定期間の野積みが可能なスペースを整備することが望ましい。

　次に船の安定的なチャーターには、港湾単位での定期的な出荷量確保が欠かせない。船社目線で見れば、稼働率の高い定期運航が理想であり、単発輸送の優先順位は低い。荷主であるリサイクラーにとって、個社単独での取引量には限界があるため、複数社による船の共同利用を視野に入れるべきである。その場合の課題は、混載する貨物の品質や量に応じた処分費用あるいは売却費の公正な配分にある。同じ鉄スクラップでも、その種類や品位に応じて取引重量当たりの単価は大きく異なる。バラ積みで搬入される際、電炉側が発生源ごとにその内訳を区分して支払い先を決めることは不可能である。現実的な解決策は、共同利用を行う荷主側が、船積み前に自社貨物の量や品位などに応じた売却費の按分比率などを決めておくことである。そのためには積地の側に客観

性の高い管理機関などを設置して、港までの搬入車両ごとに貨物の検品や記録などを行うことも有効である。

　最後に、船舶輸送のコストメリットを享受するには、片荷輸送の最小化が必要となる。素材系施設が立地する揚地で積み込む貨物の目途があれば、チャーター費用は大幅に下がる。片荷の発生防止には、静脈側のみならず、動脈側も含めた広域物流ネットワークの構築が課題となる。例えばセメント工場の立地地域には、大抵石灰山がある。石灰は高炉原料でもあり、逆に製鉄所ではスラグが発生するため、往復貨物となり得る。石灰とスラグの組み合わせは古典的な往復貨物の事例だが、こうした貨物マッチングを幅広い貨物に展開することで、無駄のない往復輸送を全国展開することが可能となる。

　以上の通り、船舶輸送の活性化は、「官と民」、「民と民」の連携可否に左右される。モーダルシフト実現に一人勝ちは有り得ない。だからこそ、関係者によるＷＩＮ―ＷＩＮのパートナーシップ構築を目指すことができる。

Trace & Recycle

「海外拠点」に求められる機能
拡大市場を見据えたチャレンジ投資

　オーソドックスな廃棄物処理業は内需型産業の典型だが、リサイクルビジネスはグローバル化との親和性が高い。商材である循環資源は国際市況品であり、スケールメリットが働く上、買い手の素材製造業は世界各国に立地している。ただし、製造業のように、日系セットメーカーの海外展開を下請け中小企業がまとめて追従するという進出モデルは成立しない。大手自動車メーカー系列の商社でさえ、当該企業の工場スクラップだけを取り扱う訳ではない。つまり、リサイクルビジネスの海外展開は自らが海外の取引先や市場と相対して切り開くチャレンジ投資なのである。

　本格的な海外展開には海外拠点の整備が必須となる。また、その投資規模や役割は、事業モデルに応じて大きく異なる。本稿では、海外拠点に求められる機能等について検証を行う。

　まずは国内向け集荷を目的とした「商社機能」である。米国やオーストラリアなど、いわゆる先進国との取引の場合、バーゼル法などの規制対象外となる品目が省令で定められている。特に「プリント配線基板」、「電子部品」、「電線」、「その他の電子スクラッ

勝者のコアコンピタンス（7）：海外拠点

			潜在対象品目	非鉄金属、古紙、廃プラスチック、その他現地で発生する循環資源
対象企業	商社、問屋、リサイクラー、等			
投資規模	事業モデルや投資先国で変動			
期待効果	○既存技術の適用や流通システム整備による集荷力強化／拡大市場の獲得			
主要課題	●現地での集荷ルート確保、流通システム整備、持久戦に備える社内コンセンサス確立			

	商社機能	流通機能	工場機能
ツールとしての優位性	・世界最高水準の非鉄金属回収技術を有する製錬メーカ等への二次原料供給能力	・効率的な流通システムが未発達の国でのコスト競争力 ・現地の安価な労働力を活用したきめ細かい前処理	・新興国マーケットへの参入 ・インフラ輸出による安定した事業構造の構築

リサイクルビジネスにおける意味合い	①大手企業の追従ではなく、自らが海外の取引先や市場と相対して切り開くチャレンジ投資 ②海外の都市鉱山開発や、国内で余剰となった循環資源の最適な活用を実現するための手段 ③持久戦が求められる可能性が高い工場機能確保には、むしろ「拙速よりも巧遅」が有効

プ」などは、国内製錬メーカー向けとして今も積極的に輸入されている。わが国の製錬技術は世界最高水準にあり、例えば基板であれば高度な前処理技術との組み合わせにより、銅や貴金属類などを高い歩留りで回収できる。また、取り扱い素材の付加価値が高いため、物流コストのハンディを超えた国際調達も可能である。各国に拠点を有する製錬メーカーは無論のこと、現地工場などからの集荷力さえあれば純粋な商社としても参画できる。商社機能の強化は、海外都市鉱山開発に資するという点で、社会メリットが大きい。

　次に、循環資源の輸出先国での「流通機能」を担う拠点もある。わが国は古紙や廃プラスチックなどの純輸出国であり、自社物品の加工販売などを起点に、現地で問屋としての活動を始める企業も見られる。その先行事例が、古紙直納問屋である。日本からの調達力を背景に、ベール化から輸送、納品に至るまでの仕組み自

体を現地化してきた。

　また、廃プラスチックの場合、日本の調達物品を現地の保税区で加工して、当該国内あるいは他の国に原料として販売する事例もある。いずれも、わが国スクラップ業が国内で磨いた流通システムの現地展開であり、グローバルな循環資源物流の高度化に寄与している。

　最後に、「工場機能」が挙げられる。現地で循環資源の回収・再資源化を行い、素材製造業などに販売して安定した事業収益を生み出すインフラ輸出の実践である。新興国マーケット拡大を見据え、家電リサイクルシュレッダー、セメント原燃料化など、これまでもさまざまな大規模設備投資が行われてきた。ただし、高い収益性を実現した事業は、寡聞にしてまだ耳にしたことがない。

　その理由は多岐にわたるが、そもそもローテク産業であるリサイクルビジネスは、「リープフロッグ型」の発展に馴染まないのだ。持久戦の覚悟がなければ、工場機能の現地化は避けるべきと言える。

　海外拠点の整備は未来への投資である。「巧遅は拙速に如かず」ということわざが、いつでも当てはまる訳ではない。

Trace & Recycle

「焼却施設」に見出す未来

海外需要を見据えた積極展開を

　国内焼却施設は一般廃棄物だけで 1,183 施設（2012 年度）、さらに産業廃棄物向けは許可数ベースで 3,467 件（区分重複多数）が整備されている。間違いなく世界最多であり、その最大の要因は、わが国の廃棄物行政が衛生処理を目的に、基礎自治体単位で進められてきたことにある。無論、衛生処理を徹底しつつ最終処分量を低減する上で、焼却は有効な手段であり続ける。ハードとソフトが高度に融合した焼却施設は、廃棄物処理施設の女王である。

　国内施設数は、今後確実に減少する。人口減少や分別収集拡大に伴う廃棄物発生量減少に加え、広域処理普及による施設集約が進展しているためである。本稿では、焼却施設に見出すべき未来についての検証を行う。

　まず、一般廃棄物の焼却施設は、確実に民間委託の方向に向かう。本格的な建て替え期を迎え、循環型社会形成推進交付金の交付基準は厳しさを増しており、延命工事で凌ぐ自治体も多い。全国的に焼却能力が過剰となった今、処理責務を負う自治体が自前

勝者のコアコンピタンス（8）：焼却施設

対象企業	自治体及び産業廃棄物処理業者	潜在対象品目	いわゆる可燃ごみ（一般廃棄物・産業廃棄物）
投資規模	5,000万円／処理能力1トン		
期待効果	○衛生処理を徹底と最終処分量の低減に資する高度で安定的な処理の提供		
主要課題	●自治体の財政逼迫／「域内処理」の呪縛／「環境汚染源」という根拠なき偏見		

ツールとしての優位性	民間委託の拡大	非常時電源としての期待	ハードとソフトの高度な融合
	・自治体財政逼迫に伴う自前主義の限界をきっかけとした、PFIの本格導入や民間処理委託の拡大	・「特定供給」による公的施設等への電力供給システムを前提とした、分散型非常時電源としての期待の高まり	・世界最高水準の技術と実績を生かした、途上国へのインフラ輸出による海外市場の獲得

リサイクルビジネスにおける意味合い	①人口減少や分別収集拡大、広域処理普及等に伴い、国内マーケット（施設数）の減少は不可避 ②リサイクラーの国内での活路は、一般廃棄物処理の受託並びに地域密着型施設としての運営 ③我が国が誇る「宝」であり、急速に発展するアジア途上国等をターゲットにした海外展開が有望

の施設を持つ必然性は低下している。さらなる広域化による施設大型化の動きは、それ自体が「域内処理の原則」という従来見解の限界を示している。すなわち、ＰＦＩ方式の導入や、確かな能力を有する民間業者への処理委託こそが、財政逼迫に苦しむ自治体にとって現実的な解決策なのである。

　次に、焼却施設の発電能力への注目はさらに高まる。廃棄物発電の13年度実績は約20万MW時で再生可能エネルギー全体の約11％だが、火力や水力を含む総発電量との対比では0.03％にも満たない。廃棄物発電はあくまで処理に伴う結果であり、電力供給自体が目的にはなり得ない。ただし、災害時・非常時の電源として考えた場合の重要性は見逃せない。電力系統に接続するのではなく、いわゆる「特定供給」により公的施設や避難所への電力供給を行う仕組みを構築すれば、大規模停電時などに非常時電源の役割を果たすことができる。その立地が分散していることからも、

地域密着型電源としての期待が大きい。

　最後に、わが国が培った焼却技術は、アジアの途上国などに積極展開するべきである。途上国で焼却炉が普及しない理由として、廃棄物の発熱量が低いこと、経済水準が追い付かないことが挙げられる。ただし、各国の急速な経済発展は、先進国並みの発熱量や財政負担力の改善を約束しており、課題解決は時間の問題である。また、根拠なく焼却炉を環境汚染源として捉え、制度的に建設を禁止している国もある。結果、人目に付く海や山で廃棄物が山積みになっている事例が後を絶たない。途上国における環境意識の高まりが、いずれは冷静な現実判断を促し、焼却を選択する方向に向かうことは容易に予測できる。

　リサイクル率の高い欧州でも、約４割に及ぶ直接埋め立て量削減を目的とした焼却炉の導入が拡大している。「焼却より、リサイクル」という主張は、「原発より、再生可能エネルギー」と同様に乱暴で、滑稽ですらある。安定的に廃棄物の容量を減らし、衛生処分の徹底に資する焼却技術は、迷いなく世界に広めるべきわが国の宝である。

Trace & Recycle

「人材」が左右する競争力

業界全体のブランド力強化を

　国内の人手不足が深刻化している。特に派遣・日雇労働者の不足は、建設業や運送業の受注拡大の足枷となり、その影響はリサイクルビジネスにも直結する。ドライバーや工場作業員の単価は上がり、定着率は下がり、無理な求人が作業の品質を低下させる。オーソドックスな解決策は、正規雇用拡大である。それでも、売り手市場の今、他産業でなくリサイクルビジネスを選択してもらうことは容易ではない。

　環境産業という「冠」の価値は高まったが、産廃処理業というネガティブイメージが完全に払拭された訳ではない。一方、健全なビジネスとしての競争が本格化する中、濡れ手で泡の利益で人材を惹き付けることも有り得ない。必要な人材を特定した上で、その人材が望む待遇や機会を提供する、当たり前の経営努力を見直すべき時が来ている。本稿では、リサイクルビジネスに求められる人材像についての検証を行う。

　まず、ドライバーや工場作業員等の現業人材である。身も蓋もないが、雇用条件や給与面の改善抜きに、優秀な人材を確保する

勝者のコアコンピタンス（9）：人材

対 象 企 業	全てのリサイクラー	潜在対象品目	－
投 資 規 模	300万円～1,500万円／人／年		
期 待 効 果	○安定した事業運営とリスク回避、ソリューション営業強化、事業方針の決定及び遂行		
主 要 課 題	●正規雇用拡大、給与面を含む雇用条件の改善、業界全体のブランド力向上		

ツールとしての優位性（望まれる役割）	**現業人材** ・一定水準以上の雇用条件が保たれる産業、雇用創出力の高い産業としての行政機関との連携強化	**営業人材** ・多岐に亘るサービスの提案を通じて、横並びの価格競争を避けるためのコンサルティング機能強化	**経営人材** ・オーナー社長の決断力を背景としつつ、多様な人材の育成・登用を通じたチームとしての経営力強化
リサイクルビジネスにおける意味合い	①人手不足が深刻化する中、正規雇用拡大等を通じた人材確保は安定した事業運営の前提条件 ②リサイクルビジネスに特化した特殊な人材ニーズはないため、他産業からの人材争奪は不可避 ③雇用条件と雇用創出力を武器にした業界全体の地道なブランド力向上が根本的な解決策		

ことはできない。廃棄物を扱う以上、コンプライアンスリスクは製造業以上に高く、人材の使い捨ては致命的な事故を招きかねない。昨今は選別作業員への障害者雇用も拡大しつつあるが、工場までの送迎等を含む作業環境の充実が大前提であり、「安価な労働力」との見方は間違いである。ただし、行政を巻き込んだ地域密着型の雇用創出という方向性は正しい。質の高いリサイクルには人手が必要な以上、一定水準の雇用条件が保たれる産業、さらには雇用創出力の高い産業として、地域単位の認知を高めることが、雇用安定確保のみならず、業界水準の底上げにもつながる。

　次に営業人材である。多品目を取り扱うトータルソリューションのニーズが高まる中、値決めと人脈頼みの営業には限界が来ている。有価物を含む収集品目、排出時の分別形態や収集頻度、処理手法、情報システム導入等、排出者側に提案できるサービスは多岐にわたる。ソリューション営業の強みは、排出事業者の細か

なニーズを汲み上げて、横並びの価格勝負を避けることに尽きる。営業人材の提案力とはすなわちコンサルティング能力であり、会社側がその引き出しを少しでも増やすことが付加価値の高い営業の前提となる。

　最後に、経営人材である。国内市場が縮小する中での生き残りには、シェア（規模）を拡大するか、事業領域を多角化するか、海外市場に出るか、という３つの選択肢しかないため、明確な経営の意志が不可欠である。幸いにもリサイクラーは大手もほとんどが未上場であり、オーナー社長が会社の大方針を決断できる。それでも、個人の能力に限界があり、チームとしての経営力を高めることが決断の成否を握る。こと経営に限っては、専門性の多寡は決断能力と比例しない。幅広い人材を育成・登用して、その英知を絞り出す仕組みの整備がトップの役割であり、リサイクルビジネスもその例外ではない。

　リサイクルビジネスに特化した特殊な人材ニーズは存在しない。業界全体の地道なブランド力強化が、競争力強化に資する人材確保の王道である。

廃棄物処理業とリサイクルビジネスの違い

意識改革こそが勝者のコアコンピタンス

　これまで検証してきたリサイクルビジネスの基礎的ツールは、伝統的な廃棄物処理業でも利用されている。また、必要な許認可の範囲や実務的な作業手順にも大差はない。では、そもそもリサイクルビジネスは、廃棄物処理業と何が違うのか？本稿では、改めてその違いについての整理を行う。

　まず「事業目的」が異なる。廃棄物処理業の目的は衛生処理だが、リサイクルビジネスの目的は原燃料製造を通じた動脈ビジネスへの素材還元である。衛生処理のクライテリアはコンプライアンス対応が全てだが、素材還元を目的に据えると「売却費等の最大化」という命題が生じる。売却費等は排出者に提示する価格の削減に直結するため、そのまま競争力強化の源泉となる。ただし、収集から中間処理を経て、素材売却に至るまでのコストは上昇する。ベースラインとなる価格決定権は単純な衛生処理側にあり、リサイクルにはそれ以下の費用を提示するビジネスモデルの構築が求められる。

　次に「川上の取引先」が異なる。ひと山なんぼの廃棄物処理は

	廃棄物処理業	リサイクルビジネス
事業目的	◇コンプライアンス対応を前提とした衛生処理	◇原燃料製造を通じた動脈ビジネスへの素材還元
川上の取引先	◇許認可地域内の排出者	◇原料となる廃棄物等の効率的な集荷が可能な顧客(広域集荷含む)
川下の取引先	◇地理的制約で特定される中間処理施設または最終処分施設	◇全国に立地する各種素材製造業
シェアの捉え方	◇許認可地域内での発生量に対する自社取扱量	◇対象品目毎の全国発生量に対する自社取扱量 ◇素材産業の全国取扱量に対する自社搬入量
収益構造	◇営業利益＝排出者から受け取る処分費(売上高)－諸経費	◇営業利益＝処分費＋原燃料売却費－有価買取額－諸経費
産業としての今後	◇少子高齢化を前提に成長余地無し	◇自社の強みを生かした独自のビジネスモデルにより成長を目指す

排出先を問わず処理量と売上が概ね比例するため、原則として顧客類型を問わない。一方、リサイクルの場合、排出物の組成に応じて処理工程が異なり、有価物等の歩留りも異なる。したがって、自社の強みを踏まえた上で、原料となる廃棄物等の効率的な集荷が可能な顧客を選定する必要がある。集荷対象の広域化は、その結果としての必然である。

　「川下の取引先」も異なる。廃棄物処理業は収集運搬業なら中間処理施設、中間処理業なら最終処分施設に搬出先が決まっており、地理的制約によりほぼ施設までが特定される。したがって、川下でのコスト削減余地はなく、排出者に提示する価格を下げるとそのまま自社利益の低下を招く。リサイクルの場合、原燃料取引先として全国に素材製造業が存在する。搬出先に選択肢があれば、売却費の拡大や処理費の低減等を促すことも可能である。だからこそ取引先の幅を広げつつ、川下側の品質ニーズを踏まえた

原燃料を製造する力量も問われる。

マーケットでの「シェアの捉え方」も異なる。廃棄物処理では自らの許認可圏域内で発生する廃棄物等の総量と自社の取り扱い量の比率がシェアである。リサイクルの場合、川上では品目としての発生量に対する取り扱い量の比率がシェアであり、地理的制約より排出者の業種・業態が重要となる。川下では素材産業の循環資源受け入れ量に対する自社原燃料の搬入量もシェアと言える。結果、新たな顧客開拓の余地は大きく、その目線も全国にまで及ぶ。

最後に「収益構造」が全く異なる。有価買い取りを行えば、当然売上原価が発生する。原燃料としての売却益との差分から各種経費を差し引いた分が営業利益となるが、伝統的な廃棄物処理業者の多くはこの発想を持てずにいる。「排出者から受け取る処分費が売上高」という思い込みから脱却しなければ、リサイクルビジネスが機会損失を免れることはできない。

少子高齢化が前提となる今後、伝統的な廃棄物処理業に成長余地はない。ジリ貧の価格競争を避けて、リサイクルビジネスへの転換を図る意識改革こそが、「勝者のコアコンピタンス」なのである。

（環境新聞・2014 年 5 月〜 2015 年 2 月掲載）

Trace & Recycle

第3章
未来を創るビジョンと投資

Trace & Recycle

マーケットを見据える目線

新規マーケットの創造を目指せ

　今から新規事業に取り組むリサイクラーに、容器包装リサイクルや家電リサイクルへの参入は全く勧めない。確立したマーケットは存在するが、さらなる拡大は見込まれず、何より再資源化能力が全国的に過剰となっている。制度の枠組みが強固で、実績のある既存事業者間がパイの奪い合いをしている分野で、新規参入者の出る幕はない。

　今が旬のマーケットと言えば、ＦＩＴ活用による食品メタン発酵、普及期にある小型家電リサイクル、建設需要拡大を見据えた汚染土壌リサイクル等が挙げられる。いずれもマーケットが拡大しており、戦略的な広がりも期待できる分野として、全国で真剣勝負が繰り広げられている。それぞれ制度の裏付けはあるが、リサイクラーが描くビジネスモデルの自由度は高い。当面は利益よりもシェア確保を優先する傾向も見られるが、いずれマーケットが安定してその主役の顔ぶれが出揃うことになる。伝統的な廃棄物処理の枠内で価格競争を挑むより、はるかにその投資効果は高い。

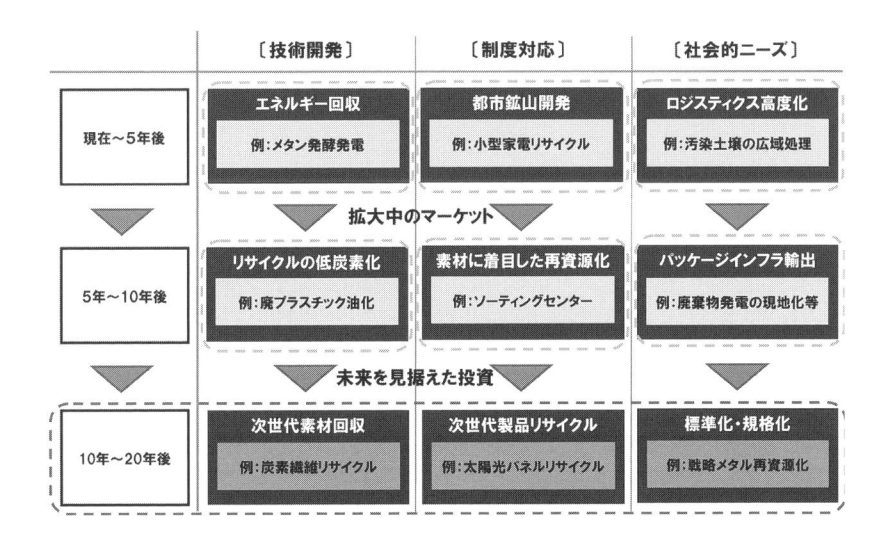

　問題はその先である。例えば5年後に大きく立ちあがるマーケットはどこにあるのか、確実な答えなどない。そこに求められるのはビジョンであり、業界が抱える課題や進化の方向性を見極めつつ足場を固めることで、先行者利益を得ることができる。例えば、エネルギー特別会計の拡大を見据えれば、リサイクルの低炭素化は追求すべきテーマになるかもしれない。また、急速な自動選別技術の発展に目を付けるなら、制度的枠組みを超えたソーティングセンター整備という方向性もある。まだ成功事例が限られている海外展開についても、途上国の経済発展や環境意識の高まりを経て、いつかはマーケットが確立するはずである。

　こうしたテーマに挑む上で、一定の不確実性を避けて通ることはできない。だからこそ、行政が掲げる政策を見極めつつ、補助金等による後押しを求めることも有効な手段となる。自社のビジョンと政策が一致するなら、未来への投資に踏み切るきっかけとすべきである。

ではそのさらに先に広がる世界に向けては何をすべきか。リサイクルに限らず、今や10年後の世界に向けたシナリオを明確に描くことは不可能であり、積極投資はビジネスではなくギャンブルとなる。ただし、誰も何もしなければ、新たなマーケットが生まれない。少なくとも業界を牽引する意欲と実力を有するリサイクラーは、投資コストを最小化しつつも、未来を創るためのアクションを起こしていく必要がある。

　現時点でも10〜20年後のマーケットがイメージできる分野として、炭素繊維リサイクル、太陽光パネル等次世代製品リサイクル、レアメタル回収等が挙げられる。当面は誰も儲からないことが共通項であり、抜け駆けには何のメリットもない。こうした分野では、業界内での研究会の創設、業態を超えたコンソーシアム形成、行政や研究機関との連携による技術開発等のアプローチが有効と考えられる。

　リサイクルビジネスにも、未来を創るビジョンと投資が求められている。次回から、その具体例を一つひとつ検証してみたい。

「ソーティングセンター」が示唆する発想の転換
一括収集と大規模機械選別の組み合わせ

　「分ければ資源、混ぜればごみ」という市民向けの標語は、一面の真実を含んでいるが不正確である。質の高いリサイクル原料を確保するには排出源の分別が有効なのは間違いないし、一度混ぜてから特定の素材を抽出するには手間もコストもかかる。ただし、廃棄物の選別技術は急速に進化しており、人手に頼らず機械が選別できる範囲は拡大している。

　分別排出の弱点は分別収集に伴う負担に尽きる。素材区分ごとに収集を行えば、収集コストは上昇し、輸送効率が下がり、車両由来の温室効果ガス発生量は増大する。仮にその分のコストや環境負荷とのトレードオフの範囲で、一括収集後に施設で資源化を行えるなら、発生源で分別を行う必要はなくなる。この発想転換を具現化する施設こそが、ソーティングセンターなのである。

　すでにその実績を積み重ねているのが欧州諸国である。リサイクルメジャーと呼ばれるフランスのVeolia　EnvironmentやドイツのREMONDISなど最大手は、大規模ソーティングセンター導入と合わせて急速に売上規模を拡大している。バリス

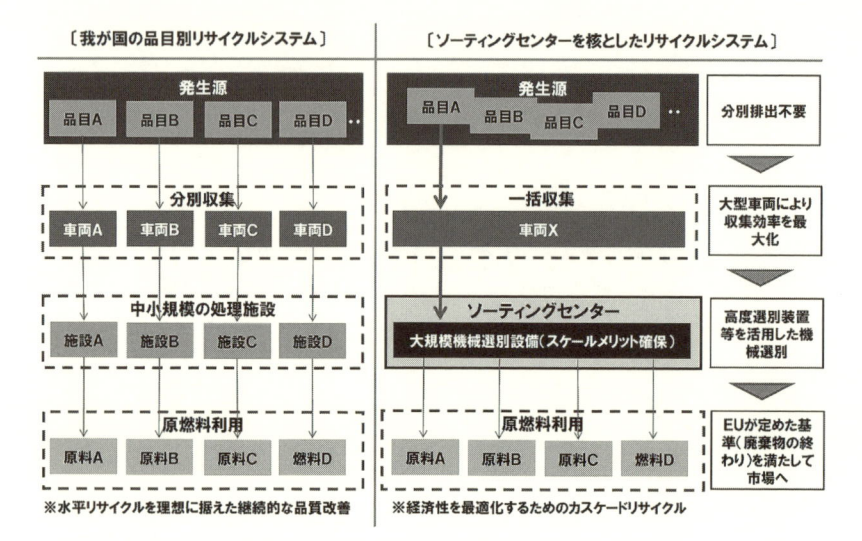

〔我が国の品目別リサイクルシステム〕　　　〔ソーティングセンターを核としたリサイクルシステム〕

発生源
品目A　品目B　品目C　品目D　‥

発生源
品目A　品目B　品目C　品目D　‥

分別排出不要

分別収集
車両A　車両B　車両C　車両D

一括収集
車両X

大型車両により収集効率を最大化

中小規模の処理施設
施設A　施設B　施設C　施設D

ソーティングセンター
大規模機械選別設備（スケールメリット確保）

高度選別装置等を活用した機械選別

原燃料利用
原料A　原料B　原料C　燃料D

原燃料利用
原料A　原料B　原料C　燃料D

EUが定めた基準（廃棄物の終わり）を満たして市場へ

※水平リサイクルを理想に据えた継続的な品質改善　　　※経済性を最適化するためのカスケードリサイクル

「ソーティングセンターを核としたリサイクルシステム」のイメージ

ティックセパレータや風力選別機、光学選別機等の先進設備を大量導入して人件費を削減しつつ、処理後の原燃料の売価を高めることで、十分な事業性を確保している。無論、制度的な裏付けもある。ＥＵの改正廃棄物枠組み指令では、原則として家庭ごみ全てに対するリサイクル義務が課され、リサイクル手法の優先順位も定められた。焼却・埋め立て処分に廻す残渣を極小化しつつ、リサイクル率を最大化する手段として、ソーティングセンター導入が最も経済性に叶う選択肢だったのである。

　ではその欠点はと言えば、リサイクル後の原燃料の品質にある。同じＥＵ指令では、「廃棄物の終わり」という概念が定められ、品目ごとに定められた一定の基準を満たす素材は自由に市場で取引される。結果、安易なカスケードリサイクルが合理的と判断されるリスクもある。

　欧州でのソーティングセンターの普及はわが国のリサイクル市

場に何を示唆しているのか。まず、自治体に処理責務のある一般廃棄物をそのまま民間施設に処理委託することのハードルが高い。欧州では拡大生産者責任導入をテコに民間参入が本格化したが、わが国でその範囲は限定的である。また、大規模設備投資を支える規模のメリット確保には年間最低 10 万トンの処理が必要と言われており、小規模自治体では広域処理も必須となる。さらに、「廃棄物の終わり」という概念が、わが国には馴染まない。水平リサイクルを最上に位置付け、エネルギーリカバリーを極力回避して、処理後の原燃料の品質を高めてきた技術やこだわりは国民性にまで根付いている。基準を決めて満たせば完了、というドライな考え方は、リサイクラーのみならず、排出事業者にも受け入れられにくい土壌がある。

　こうした中、実証レベルの取り組みが始まっているのがプラスチック製容器包装である。制度の枠組みを超えた混合収集とソーティングセンターの組み合わせの有効性も検証されつつある。小さな一歩ではあるが、従来の緻密過ぎる仕組みに風穴を開けるきっかけにはなり得るかもしれない。

Trace & Recycle

海外展開に必要な「人」「モノ」「金」
海外展開モデルの現実解はＥＰＣ

　アジア地域のインフラ整備に必要な資金は今後毎年 95 兆円規模と言われており、アジアインフラ投資銀行（ＡＩＩＢ）はその資金需要を満たすために創設されるとのことである。個人的には、各国企業が長年辛酸を舐めてきた中国を中心に、「迅速」な融資を行う機関を信用する気持ちにはなれない。一方国が借入金の受け皿となり、国際金融機関が主導して発注仕様書を作成するスキーム自体は望ましい。自治体や現地企業との調整では、技術ニーズに応じた技術提案を具体化した後に、「ない袖は振れない」との結論に至るケースが多いためである。現地政府が融資審査を受ける段階から連携を図ることができれば、結果入札とはなっても、「受注したけどお金がない」という事態に陥ることはない。

　世界的にアジア諸国のインフラ投資への期待が高まっている現状を踏まえつつ、成功事例が少ないリサイクル分野の海外展開について再考してみたい。

　インフラ投資に必要な「人」、「モノ」、「金」には、それぞれが異なる意味合いがあり、そのバランスに応じてリサイクラーのビ

[リサイクルビジネスの海外展開]		[優位性]	[課題]	[今後の見通し]
コンサルティングモデル	人 / モノ / 金	・焼却／破砕等全ての技術は人に依存しており、投資に伴うリスクやコストも最小化できる	・人材の稼働やノウハウに対しては、「無償提供」を求められる可能性が高い	△ ・個別人材の引き抜きレベルのニーズは高いが、企業の投資には馴染まない
EPCモデル（設計・調達・建設）	人 / モノ / 金	・目に見える「施設」の整備に対しては、支払に対する理解を得やすい	・施設整備に必要なコストと、現地機関の支払能力のギャップが大きい	◎ ・国際金融機関による融資拡大を前提に、健全なビジネスモデルが成立し得る
インフラ輸出モデル（現地経営参画）	人 / モノ / 金	・事業運営に参画することで、中長期的な安定収益を確保することができる	・現地の制度や文化が外国企業による本格参入のハードルとなる	× ・インフラ利用が外国企業の収益になることへの各国民の抵抗感が強い

「海外展開」に必要な人・モノ・カネ

ジネスモデルが決まる。まず、「人」の投資とは焼却や破砕等に係る技術や経験を保有する人材の現地指導等を指しており、その対価として得られるのはコンサルティングフィーである。リサイクル技術がほぼ全て人材に依存することを鑑みると、現地ニーズは高くて然るべきだ。それでも特に途上国では、目に見えない稼働やノウハウに対価を払うことへの抵抗感が強く、無料でのサービス提供を期待されるリスクが大きい。個別人材の引き抜きは別として、企業としての海外展開は「人」だけでは成立しない。

　そこで「モノ」とのセットで現地施設整備までを一貫して請け負えばEPC（設計・調達・建設）となる。目に見える施設建造への対価を求めることには、国内外問わず理解を得やすい。焼却炉整備等、わが国企業が実績を積み重ねているのはおおむねこのモデルに限られる。EPC提案に際して必ず直面する課題は、現地ニーズと現地機関の支払能力のギャップである。

だからこそ、「人」、「モノ」に加えて「金」まで含めたパッケージでの現地投資を行い、現地経営にまで参画するのがインフラ輸出である。現地政府やパートナー企業と共に最適な連携体制を固めて、インフラ提供に伴う安定収益を求める投資形態は、投資側にとっては理想的と言える。ただし先進国からのインフラ輸出を現地政府や国民の視点から見れば、「21世紀型の植民地支配」に映る可能性もある。消費財とは異なり、空港や高速鉄道と同様、廃棄物処理・リサイクル施設は生活や産業の基盤であり、その利用料や税金を外国企業が長期的に収益化することを望む国民はいない。

　国際金融機関による融資拡大は、現地インフラニーズと支払能力のギャップを埋める。リサイクルを含むインフラ投資に係るその他の課題は変わらない。

　あえて結論を述べるなら、当面の現実解はＥＰＣモデルであり、リサイクラーもその現実を念頭に情報収集や人脈形成を目指すべきと考えられる。

Trace&Recycle

「メタン発酵」によるエネルギー利活用のシナリオ

地域活性化に資するシナリオ整備

　メタン発酵は、廃棄物処理とエネルギー対策を両立する時代が求める処理技術である。各種リサイクル法の施行により、「残された課題は生ごみ」との認識が自治体関係者にも広がっている。うち、食品廃棄物は異物混入等のリスクが高く、肥料化や飼料化にはリスクが伴う。焼却を避けてエネルギー回収にも資するメタン発酵は、施設立地自治体にとっても合理的な選択肢となり得る。

　もう一つの顔が、再生可能エネルギーとしての優位性である。天候に左右される太陽光や風力とは異なり、メタン発酵で供給される熱や電力には安定性が認められる。いわゆる負荷追従運転が可能な熱源・電源として、地熱や木質バイオマス等と並び大きな期待が寄せられている。

　それでも遅々として普及が進まない理由を端的に言えば、臭気をはじめとする住民対策とコスト面の課題解決が困難であるからである。

　生ごみや畜産ふん尿、下水汚泥等のバイオマス処理施設は、地域住民にとって臭気発生に対する警戒感が強い。最新施設では焼

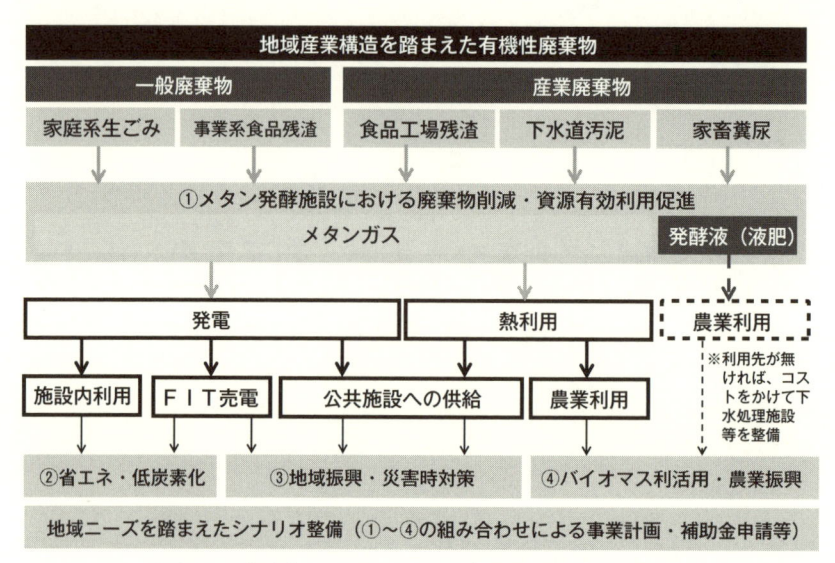

「メタン発酵」によるエネルギー利活用のシナリオ

却炉以上に徹底した臭気対策が施されるが、低水準の堆肥化施設等が問題を起こした先行事例も多い。住民の強い抵抗感を肌で感じる自治体関係者は、政策的有効性の如何を問わず、施設整備に消極的となる。

　コスト面での最大の課題は、メタン発酵後に発生する消化液の処理にある。技術的に確立している湿式メタン発酵プロセスでは、有機性廃棄物の投入量を上回る水を利用する。発酵後の消化液は農地等での液肥利用も可能だが、その用途が見込めない場合、大規模浄水設備を併設して処理後に下水放流を行う必要が生じる。結果、投資コストは拡大して、回収年数が積み上がってしまう。

　こうした課題を乗り越えて、メタン発酵の事業化を実現するには、地域活性化に資するシナリオの整備が必要となる。

　まず、メタン発酵施設における「廃棄物削減・資源有効利用促進」は、焼却ごみ削減を目指す全ての自治体に訴求するメリット

である。ただし、焼却ごみ削減は、処理コスト削減の観点で見た重要課題であり、市民はその恩恵を実感しにくい。したがって、「＋α」のメリットを感じさせるシナリオが求められることになる。

　具体的には、施設内利用やＦＩＴ売電を前提とした「省エネ・低炭素化」、地域の発電会社設立や公共施設へのエネルギー供給等を前提とした「地域振興・災害時対策」、メタン発酵エネルギーの農業利用や液肥の活用等による「バイオマス利活用・農業振興」などがその候補となる。こうしたメリットを組み合わせた上で、住民感情やコスト等課題解決にも資するシナリオのゴールに設定することが具体策となってくる。

　「地方創生」という現政権のキーワードに象徴されるとおり、地域が地域の課題を自ら解決していく仕組みの構築は、わが国全体の底上げにおける大命題となっている。メタン発酵の事業化は、リサイクルビジネスがその実現に資する試金石の一つにも位置付けられているのである。

Trace & Recycle

太陽光発電設備リサイクルが挑むべき課題
太陽光の未来を見据えた対策導入を

　本年6月、国は「太陽光発電設備等のリユース・リサイクル・適正処分に関する報告書」をとりまとめた。ＦＩＴ導入を契機に普及した設備の寿命を25年に設定すると、2030年度の排出見込量は約3万トン、2040年度には約80万㌧に及ぶ。同報告書は、埋め立てよりリサイクルの費用便益比が大きいが、その経済性は高くないため、リサイクルシステム構築・運営に政策的措置が必要、と結論付けている。さらに具体策として、メーカーに広域認定を活用した自主回収スキーム検討を求めつつ、資源有効利用促進法の「指定再資源化製品」としてリサイクルシステム構築を促すことなどが示されている。本稿では、ＥＰＲ的な解決方策を示唆する結論の妥当性から検証してみる。

　まず、太陽光は継続的に普及し続けるのか。天候任せの不安定性と非効率性への認識は、一般市民にも広まりつつあり、ＦＩＴ優遇を続けられるとは考えにくい。現実的には、モジュール価格の大幅下落を前提に、通常の電力料金削減メリットが設備設置コストを上回る市場を実現できなければ、太陽光発電はブームで終

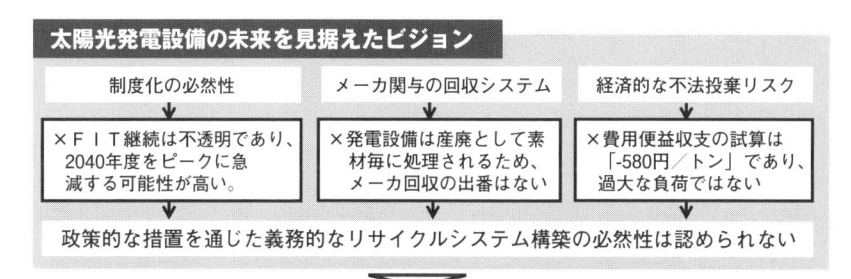

太陽光発電設備リサイクルが挑むべき課題

　わる。25年後に迎える既存設備廃棄をピークに発生量が激減するなら、制度化は不要である。

　次に既存制度との兼ね合いで見ると、住宅向け太陽光発電設備は、残置物としての一般廃棄物ではなく、解体工事に伴う産業廃棄物扱いとなる。我が国で解体される住宅の平均築年数は27年であり、家電製品のような買替時回収は期待できない。実質的排出者が解体業者や施工業者になるなら、アルミ枠材等はサッシ等他品目と一緒に有価販売され、フロントカバーは窓等ガラス類と一緒に適正処理される。メガソーラーに至っては、ＦＩＴ買取価格算定時に撤去・廃棄費用が含まれており、排出者責任での適正処理は担保されている。要するに廃棄時にはメーカーの出番が見当たらないのである。

　最後に、経済性の議論である。同報告書では、ＦＩＴ価格算定時の根拠であるシステム価格の５％をベースに、屋根置きで３・

75万円／ｋＷ、平置きで２万円／ｋＷ（運搬費は別）という過大な撤去費用を設定している。解体処理時において、エアコン等有価物を除けば個別撤去はあり得ない。撤去費用を除いた試算では、その費用便益収支はマイナス580円／トンに過ぎない。ＡＳＲ等とは異なり、不法投棄リスク回避のために資金プールを作る必然性はない。

　以上より、報告書に示されたビジョンは「的外れ」との結論になる。では未来を見据えて今、何をすべきなのか。コモディティ化が進む太陽光モジュールの発電効率が飛躍的に高まる目途がない以上、価格と有害性の低減こそがメーカーの役割である。具体的には、銀等調達費の高い部材や、結晶系の鉛・化合物系のカドミウム等を含む部材の利用抑制に資する技術開発が求められる。一方、リサイクラーの役割は、既存システムを活用して、パワコンや架台を含む設備全体での有価取引を実現することにある。太陽光モジュールに特化した技術や設備よりは、ロジスティクスの高度化が有効となろう。

　資源性を最大限抽出して、有害性を極小化することがリサイクルシステム構築の課題である。品目のみに焦点を当てると、時に判断を誤ってしまう。

Trace & Recycle

炭素繊維リサイクルとの付き合い方
投資リスクを避けてメーカーの開発力を活用

　炭素繊維リサイクルへの取り組みが本格化しつつある。正確には、今後利用拡大が見込まれる炭素繊維強化プラスチック（以下、「ＣＦＲＰ」という）利用製品から、炭素繊維を回収するシステムの構築がその目的となる。炭素繊維は「軽くて、強くて、硬くて、錆びない」性質を持ち、自動車から土木建築に至る幅広い産業での利用拡大が確実視されている。経済産業省の予測では2020 年まで年率 20％で市場が広がり、その市場規模は 4,500 億円に及ぶ見込みだ。うち、わが国化学メーカーの世界シェアは 6割を占めると言われており、国家レベルの成長産業に位置付けられている。

　だからこそのリサイクルである。エネルギー消費量や CO_2 排出量削減に資する「軽量化」の切り札として、自動車鋼板への代替さえも期待されており、仮に実現すればベースメタルを含む素材市場の大転換を促すポテンシャルを秘める。本稿では、炭素繊維リサイクルの可能性とリスク、リサイクルビジネスの立場から見た付き合い方についての検証を行う。

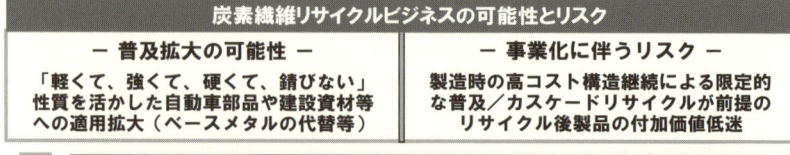

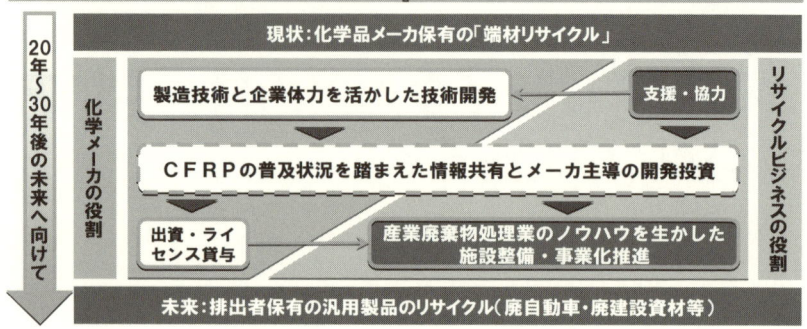

炭素繊維リサイクルとの付き合い方

すでに炭素繊維リサイクルへの参入を表明している企業は、主に化学メーカーあるいはその系列企業である。ＣＦＲＰの既存大規模ユーザーは航空機メーカーだが、製造工程で発生する端材等がリサイクル技術開発の実験サンプルとして活用されており、その所有者は供給元の化学メーカーに限られるからである。ただし、発生量が世界で数千㌧規模の現状で、化学メーカーが破砕・切断、熱処理等の技術や商用レベル設備を導入することはない。当面は、化学メーカーの系列のリサイクルチェーンにどのように自らのポジションを位置付けるかがリサイクルビジネスにとっての入り口であり、最も賢明なアプローチと言える。

そもそも、炭素繊維リサイクルがこれ程の注目を集める理由は、その製造コストが高額なためである。普通鋼板やハイテンの材料価格が成形品でも 100 円／kg 以下であるのに対して、炭素繊維成形品は５千円～１万数千円／kg であり、将来目標も 800 円程

度と言われる。すなわち、コスト的に鉄鋼を完全に代替する素材にはなり得ず、車載用圧力容器等特殊部品の材料としてのみ、採用されると見るのが妥当であろう。

　次に、リサイクル後の炭素繊維製品を連続長繊維に戻すことは不可能であり、高額なバージン材への水平リサイクルは、原理的に不可能である。また、紙と同様に繊維長が徐々に短くなるため、リサイクル回数も限られる。したがって、高コストのマテリアルリサイクルで採算性を維持できる可能性は低い。

　最後に、端材は例外として、汎用製品への利用が拡大した場合、販売後製品の所有権は移転するため、化学メーカーが独占回収することはできない。仮にリサイクル技術の開発に成功しても、自ら許認可をとって施設整備を行うことは考えにくい。子会社に出資するか、ライセンスフィーを課金するのが関の山であり、その後はリサイクルビジネスの出番が必ず来る。

　餅は餅屋であり、焦る必要は全くない。メーカーの開発力を利用しつつもぴったりと寄り添い、20 ～ 30 年後の事業化チャンスを伺えば十分なのである。

Trace & Recycle

都市鉱山開発に求められる「情報化」「標準化」「共有化」

国家目標としての資源循環高度化

　資源矮小国のわが国では、廃棄物やスクラップから有用金属を回収・再生・利用する都市鉱山開発に対する期待が大きい。

　一方、昨今は各種レアメタル価格が低迷しており、リサイクルビジネスにとっても事業化のメリットが見出せない状況に陥っている。資源相場の変動は世の常であり、短期的な経済性の有無で都市鉱山開発の有効性を疑うのはナンセンスである。だからこそ、求められるのは国家や業界としての意志であり、今こそその意志が試されている。

　その将来ビジョンを描くのは今後の課題であり、今後のシナリオと目標とする社会システム像を明確化した上で、関係者ごとの役割分担とその実現に向けたアクションを示す必要がある。本稿では、「情報化」、「標準化」、「共有化」をキーワードに、都市鉱山開発に向けたシナリオの一例を示す。

　まず、貴金属やレアメタル等の再資源化実態に係る情報が不足している。マクロ的に見た対象金属含有製品の再資源化フローや含有量、歩留まり等に係る情報が把握できていない。最低でも個

「都市鉱山開発」に向けたシナリオ（一例）			
情報化	・製品種別毎の回収実績等データベース整備に資する情報システムの構築と普及	・再資源化フローを踏まえて、品目横断的な含有金属情報の統合管理を実現	・採掘可能な対象鉱物の絞り込み、技術開発及び回収・再資源化システムの構築
標準化	・過大な情報管理負荷を避けつつ、最低限必要な情報の範囲を具体化	・化学物質分野の先行事例等を参考に、「ガイドライン」「情報伝達様式」等を整備	・主要企業等が先行導入することで、ＪＩＳ規格化等を通じた裏付けを確保
共有化	・都市鉱山情報共有化のための情報プラットフォームを構築（アクセス制限必須）	・企業にとって、機密開示リスクが生じない現実的な情報提供ルールを設定	・情報プラットフォームを活用して、第三者機関がその管理・運営を担う体制を整備

国家目標としての資源循環システム高度化

都市鉱山開発に求められる「情報化」「標準化」「共有化」

社単位での「情報化」により、対象鉱物のフローの見える化を実現することが最初の課題となる。自社が取り扱う廃棄物や使用済み製品の情報システム管理を実現して、品目横断的に含有金属情報の統合管理を行う必要がある。そのデータを基に、採掘ポテンシャルの高い対象金属を絞り込んで技術開発を行い、回収・再資源化システムを構築するのだ。

　次に、リサイクルチェーンを構成する主体による情報管理手法の「標準化」が求められる。ただし、都市鉱山開発に制度的な責務はなく、情報管理には手間とコストがかかることへの配慮が不可欠である。標準化の前提として、対象鉱物に係る管理対象項目等は絞り込み、最小限必要な情報の範囲を特定すべきである。さらに化学物質分野等における先行事例を参考にすることで、「ガイドライン」や「情報伝達様式」等を整備する。標準化を裏付ける手法としては、主要企業による採用を起点にしたＪＩＳ化が現

実的であろう。

　最後に、最もハードルが高いのが、情報化・標準化した情報の「共有化」である。原料・部材の組成や使用済み製品の仕入れ先等に係る情報は全て企業機密にも直結するからである。まずは実証ベースで、行政機関や業界団体等信頼性の高い機関が、アクセス制限等の機能を設けつつも都市鉱山情報を共有化するための情報プラットフォームを構築する。その際、企業にとって、機密開示リスクが生じない現実的な情報提供ルールも設定する。さらに当該プラットフォームを活用して、第三者機関がその管理・運営を担う体制を整備するのである。

　本シナリオ実現のカギを握るのは、情報プラットフォームを担う信頼性と公平性を確保した第三者機関の確保である。有用資源のマクロフロー、需給、取引相場等を管理するインフラを担うべきは誰か。それは筆者にも分からない。

　都市鉱山開発による資源循環高度化は、国家としての目標である。幅広い企業や行政、研究者による検討や連携を通じて、第三者機関確保を含むシナリオのコンセンサス形成を急ぐべきであろう。

都市油田からの「燃料製造」
「都市油田」再評価に資する技術開発

　廃プラスチック等循環資源を「都市油田」に見立てた燃料製造への機運は、残念ながら萎みつつある。それでも、廃プラスチックと紙くずからRPFを製造して、石炭代替利用することはすでに定着している。また、廃食用油からのBDF製造による軽油混合利用や、木質バイオマスからのバイオエタノール製造によるガソリン混合利用も実用化されているが、それぞれ５％・３％と混合割合が制限されており、税制上の課題もある。結果、コスト面の課題解決が困難で、地産地消のエネルギー利用やリサイクル率向上等の観点での導入が先行している。さらに、古着からのバイオエタノール製造等実験的な事例まで含め、その注目度は高い。

　サーマルリサイクルの一形態である燃料製造の強みは、燃焼時のエネルギー効率向上と、保管が可能であることの２点となる。昨今では、バイオマス利活用への期待も高まりその推進が期待されている。本稿では、リサイクルによる燃料製造の最前線にある事例２つを取り上げて、その検証を行う。

　まず、古くて新しいテーマが「廃プラスチックの油化」である。

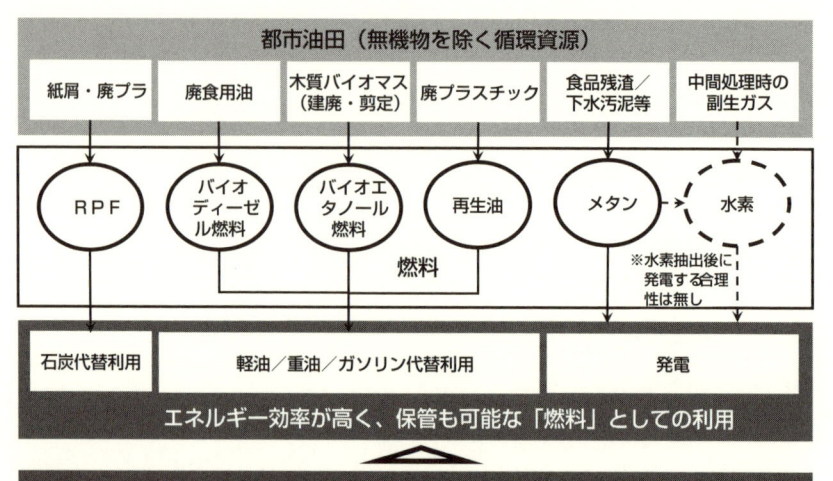

都市油田からの燃料製造

かつて年間約1万5千トンのプラスチック製容器包装受入能力を持つ油化施設が経営破綻した経緯もあり、技術としての評価は一時失墜した。昨今になって、小規模電気釜や触媒の活用等による実証成果が生まれており、その可能性が見直されつつある。多種多様な廃プラスチックの液体燃料への再生は、直感的に極めて分かりやすい。

　油化で抽出した混合油は軽油や重油、ガソリンへの精製も可能だが、その歩留まりは低い。また、塩素分やテレフタル酸等油化できない成分への対応も必要であり、事業化に向けた課題は未だ残されている。それでも、加工プロセスのエネルギー投入量は限定的であり、中間処理プロセスの低炭素化という観点からも期待度は大きい。

　次に「中間処理に伴う水素製造」である。トヨタ自動車のミライ上市以来、「水素社会」は錦の御旗とも言えるキーワードとなっ

た。リサイクラー目線では、メタン発酵施設とガス化溶融炉での
プロセス生産がその手法となり得る。まず、食品残渣や下水汚泥
等を発酵させて精製したメタンから、水素を抽出することができ
る。ただし、仮に水素を燃焼して発電することが目的であれば、
メタンのまま燃焼させる方がエネルギー効率も高い上、保管時の
取り扱いも容易である。したがってメタンからの水素抽出には合
理性が認められない。

　次にガス化溶融炉の副生ガスからの水素抽出である。こちらも
技術的には可能だが、すでに副生ガスからのエネルギー回収は行
われており、現時点では積極的なメリットが見出せない。高炉で
発生する製鉄副生ガスのように、夜間電力での電気分解等が前提
でなければ必然性はない。中間処理時のプロセス生産での水素製
造の意義は疑わしいとの結論になる。

　いずれにせよ、燃料製造が可能となれば、リサイクルのイメー
ジ向上と市民理解醸成には大きく貢献することになる。有効な
ターゲットの見極めを前提に、既存の取り組みも含めた「あと一
歩の技術開発」にこそ期待したい。

Trace & Recycle

「解体・選別」の未来
「機械化」と「自動化」に資するセンシング技術

　都市部を除くどの地域でも、雇用創出手段として工場誘致への期待が高い。裾野の広い自動車産業等を誘致すれば産業集積が進むとの理屈だが、残念ながら今や幻想に過ぎない。労働市場の需要から見れば、もはや国内に量産工場を立地するインセンティブは薄い。供給側から見ても、知識集約型産業への転換が進む中、ブルーカラーを志す人口は確実に減少する。グローバル展開が進む動脈ビジネスの場合、需要地に近い拠点での海外生産が理屈に叶う。ただし、リサイクルビジネスの場合、これからも主要発生源は国内であり、再資源化は原則国内で行う。工場労働者不足がさらに深刻になることへの危機意識を持つべき時が来ている。

　結論を先に言うと、リサイクル工場が目指すべき方向性は「機械化」と「自動化」である。本稿では、労働集約型産業からの脱皮を見据えた、解体・選別の未来についての検証を行う。

　マテリアルリサイクルのフローは、「手解体モデル」と「直接破砕モデル」に大別できる。前者の強みはプラスチック製の外装等を含め、木目細かな素材分離を先行させることで使用済み製品

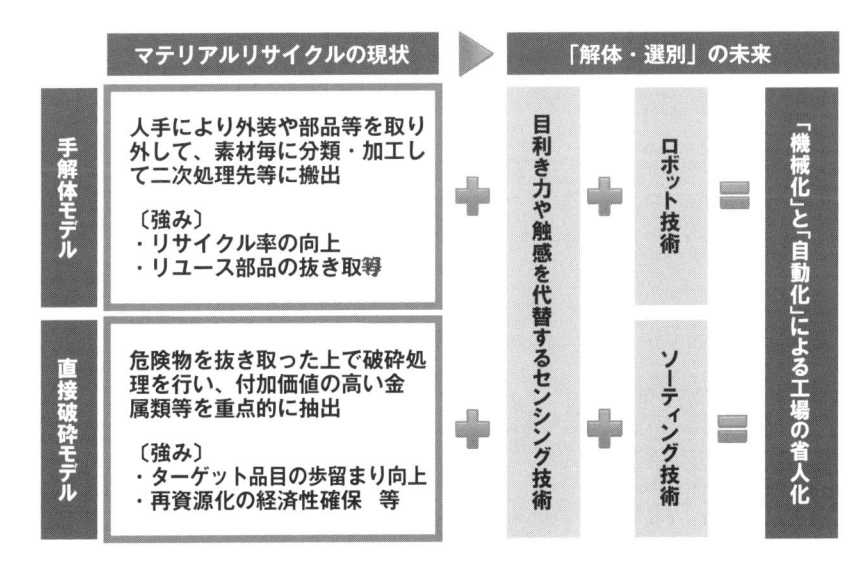

「解体・選別」の未来

等の全体的なリサイクル率を高めることができることにある。また、解体プロセスでリユース向けの部品等を取り出すこともできる。一方、最低限の危険物のみを除去して、直接破砕を行うモデルは処理効率が高い。特に付加価値の高い金属類等をターゲットに資源化の経済性を高める上で有効である。

　では労働者の数が減少する中、どのような技術が求められるのか。まず、「手解体モデル」で省人化を図るには、ロボット技術の導入が不可欠である。具体的には人間の目や触感の代わりとなるセンシング技術の導入と、ネジの除去や切断・取り外しなどを行う物理的な解体能力が求められる。解体ラインは動脈産業の製造ラインと異なり、幅広いメーカーや型式の製品を取り扱う必要があるため、そのハードルは高い。それでも目的は素材としての再生に限定されるため、確実な精度を要求しなければ、人手を補完する技術導入には十分な現実性がある。

「直接破砕モデル」の場合、破砕後物品の選別技術の高度化が課題となる。具体的には、破砕後の多種多様な破片をベルトコンベアに流して、ターゲットとする金属類等をセンサーで検知した上で、ソーティング技術を活用した選別を行う。その最大の狙いは金や銀、アルミ、銅、レアメタルなどの回収歩留まり向上と濃縮にある。すでに「レーザ誘起プラズマ分析」や「レーザ３Ｄ」などの先進技術が実証段階にあり、社会実装への道のりも拓けている。

　いずれのモデルの進化においても、その成否を左右するのはセンシング技術である。リサイクルを担う人材の「目利き力」を代替する技術の開発導入がカギを握る。いずれは両モデルの「いいとこ取り」を行う処理システム構築にも期待したい。

　単位当たり付加価値が低いリサイクルビジネスに高度な技術導入は馴染まない、との主張も理解はできる。それでも、10 ～ 20年後の人口動態を勘案すれば、他に選択肢はない。そのための技術開発推進は、業界全体にとっての課題と言える。

リサイクルビジネスの成立要件

冬の時代を乗り越えて未来へ

　今、リサイクルビジネスは冬の時代にある。昨年後半からの金属価格の長期低迷や原油価格の急落には、回復の目途が全く立っていない。原燃料製造業としての顔を持つリサイクラーにとっての売り上げ減少に直結しており、事業継続自体が危ぶまれる業態もある。

　ただし、中長期で見れば資源相場は必ず反転する。世界経済が全体として成長し続ける中、採掘可能な天然資源の量は限られており、戦術的な増産や投機による相場維持には限界があるためである。

　未来を創るビジョンと投資を語る上で、目先の短期的な相場変動に惑わされてはならない。多少の収益変動は織り込みつつも、原理原則を守ったビジネスモデルには必ず持続性を見出せる。本稿では、リサイクルビジネスの成立要件の整理を行った上で、業界の未来を予見する。

　ほぼ全ての品目について技術的・論理的にはリサイクルが可能な中、廃棄物処理に回すか否かは純粋に経済合理性で決定されて

リサイクルビジネスの成立要件	①廃棄物処理より安いこと	廃棄物処理料金 ＞ リサイクル料金
	②料金が費用を上回ること(利益が出ること)	リサイクル料金 ＞ 中間処理費用＋諸経費－再生原燃料売却費
	③再生原燃料への需要があること	天然資源取引価格 ＞ 再生原燃料売却費

※①〜③の条件を満たさないリサイクルは、最終処分量削減や資源有効利用促進を目的として、CSRレベルか制度的に税金等で行われるケースに限られる。

リサイクルビジネスの成立要件

おり、その成立要件はおおむね３つに集約される。まず、排出者から見たリサイクル料金が廃棄物処理料金より安くなければ、リサイクルは成立しない。次に、中間処理費用と諸経費から再生原燃料売却費を引いた金額をリサイクル料金が上回ることで、リサイクラー側に利益が生じることも絶対条件となる。最後に再生原燃料の売却費が、天然資源取引価格より安価であることが求められる。循環資源はあくまで代替原燃料であり、品質的に天然資源を上回ることはあり得ないためである。

　以上の成立要件の構成要素のうち、起点となる廃棄物処理料金は地域や品目ごとにおおむね長期安定傾向にある。また、中間処理費や諸経費は事業開発段階で目途が立つはずであり、変動幅が大きいのは天然資源相場とその従属変数である再生原燃料売却費となる。

　リサイクルビジネスが廃棄物処理業と原燃料製造業の複合産業

である以上、前者で足元を固めつつ、後者で売上や利益を伸ばす体制整備が急務である。一本足に偏ったビジネスモデルの限界は、今のスクラップ業界の窮状が証明している。だからこそ、逆有償と有償の取引に対応可能な技術とノウハウを兼ね備えたリサイクラーの成長と育成が、業界全体の課題となる。

　無論、業界の未来を担う企業には、短期的な天然資源相場変動に耐え得る体力も必須となる。中小零細のオーナー会社が大宗を占めるこの業界では、M＆A等を通じた再編が困難であったが、冬の時代だからこそチャンスが生まれる可能性もある。明確なビジョンと体力を有する中核企業が積極的な攻勢を仕掛ければ、資源相場が反転する頃には全く違う世界が見えてくるのではないか。すなわち、競争と淘汰を乗り越えて、業界全体が進化することが期待できるのである。

　社会インフラとしてのリサイクルビジネスは、すでにグローバル社会経済システムの中に組み込まれている。今後、その重要性が高まることはあっても下がるはずはないとの強い信念を持って、全ての関係者が前を向くべき時が来ている。

（環境新聞・2015 年 3 月〜 2016 年 2 月掲載）

Trace & Recycle

第4章
リサイクルビジネス振興を
支える政策

Trace & Recycle

リサイクルビジネス振興を支える政策
情報開示で動脈と静脈の連携を

政策目標と現場のギャップ

　産業政策という言葉は死語になりつつある。「行政機関に今後の成長産業を見極められるはずがない」というのがその根拠だ。最新の成長戦略でも、ビジネスのハードルを下げることや特区での規制緩和を図ることなど、企業の競争環境を整えることに力点を置いた政策が目立つ。一方、現実の国や自治体の役割には国民生活を守るための規制措置やインフラ整備だけでなく、企業活動を誘導するための施策も含まれる。マクロ的な視点から、「どんな社会を目指すのか」というビジョンを示すのが行政の役割である以上、特定の産業に一定の肩入れすることを躊躇する必要はない。

　廃棄物・リサイクル業界に目を向けると、資源循環型社会構築という大命題が掲げられる中、一見すると期待が大きく、政策的優先度も高く、優遇されているかに見える。従来は公共サービスまたは規制業種と認識されてきたが、昨今では民間活力導入やインフラ輸出等の観点から産業としての側面にも光が当たりつつあ

る。産業である以上、成長を目指すのは必然であり、廃棄物処理・リサイクルに取り組む民間企業（以下、「リサイクラー」という）も自社の売上と利益の拡大を目指す。

　国が定めた公式な達成目標は、循環型社会形成推進基本計画に則った「資源生産性」、「循環利用率」、「最終処分量」というマクロ的な定量目標であり、そのプロセスにおける経済性等は問われていない。逆に成長を目指すリサイクラーにとっては、そのプロセスこそが重要であり、産業の命運を左右する。行政からの期待とリサイクラー側のニーズには明らかなギャップがあり、その穴埋めができてこそ、政策目標の達成が期待できる。

　本稿では、リサイクラー目線で見た政策ツールの現状に関する検証を行い、その有効な改善策の事例を提示する。

補助金

　最も分かりやすい政策ツールは、補助金である。リサイクラーの設備投資に伴う投資回収期間を圧縮して、事業の収益率を高める効果があるため、支援策としての即効性は高い。ただし、収益事業として一般的に成立する分野で特定企業に補助金を交付すれば、健全な競争を歪めてしまう。結果、開発段階の技術や設備等先進性の高い事業や、採算確保が困難な事業等が補助対象になる。このロジックをリサイクラー側から見れば、儲からない事業にしか補助金が交付されないのと同意であり、結果事業が破綻すれば、税金は無駄になる。ＣＳＲ的な取り組みをＰＲするためならば、補助金効果がなくなり次第撤収となる。言うまでもなく、民間企業にとって「儲けるな」とのメッセージは、ナンセンスである。

　これからの補助金のあり方として、例えば当該事業がもたらす「再資源化率向上」や「低炭素化」等に定量基準を設定して、そ

の実現可否のみを交付要件に設定してはどうか。その場合、交付後のビジネスモデルを含む経済性は問わず、定量基準の未達成事業には交付しないなど、成果報酬的な色合いも求められる。単年度予算等技術的な課題を超えて、直接的効果が望める事業への補助を強化すべきと考える。

拡大生産者責任

拡大生産者責任とは、本来「製品に対する生産者の物理的および（もしくは）経済的責任が製品ライフサイクルの使用後の段階にまで拡大される環境政策上の手法」だが、わが国ではメーカー等が再商品化の費用を直接負担する用語として定着した。各種リサイクル法もそのスキームで設計されてきたが、品目別再資源化システムは出尽くした感がある。メーカーに直接費用を負担させて、価格転嫁を促せば環境負荷が抑制され、税金も安くなるというロジックは幻想に過ぎない。

より直接的に、リサイクラーによる「資源循環の高度化」を促すカギは、メーカーの情報開示範囲の拡大にあるのではないか。リサイクラー側が製品の設計や部材の組成、ターゲットとする有価素材の含有状況等を事前に把握できれば、より効率的な再資源化システム整備が可能となる。集荷ターゲットの設定、自社が保有するラインの整備や効果的な技術開発のためにも、公的関与の下で一定の強制力を伴う情報開示が行われることは極めて有効となる。

無論、メーカーにとって製品情報は生命線であり、開示は極めてデリケートな課題である。ただし、リサイクラーが求めるのは、素材やその加工手法に係る情報のみである。しかも製品のライフサイクルによって上市後5年〜10年後の情報であればリスクは

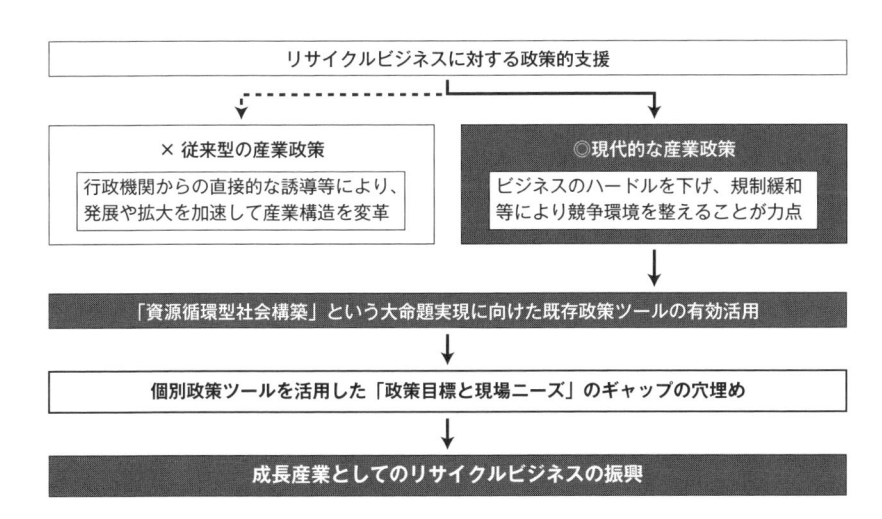

図1 政策的支援とリサイクルビジネスの振興

低い。政策がメーカーに求めるべきは、金銭負担よりも情報開示であり、その先にこそ、動脈産業と静脈産業の本格的な連携実現が期待できる。

リサイクル特区に期待

官民連携（ＰＰＰ）

　一般廃棄物処理分野における官民連携は、これから本格化する。自治体財政は逼迫しており、全国的に自前の廃棄物処理施設を確保し続けることには限界がある。コスト削減のみならず、「再資源化率向上」や「低炭素化」を図る上でも、民間施設で広域的な廃棄物処理・リサイクルシステム導入が合理的なことは、データを以て検証するまでもない。これまで、その広がりは限定的であり、さらなる普及が期待される。

　廃棄物処理・リサイクル分野に費やされる最大規模の補助金は、

循環型社会形成推進交付金だが、同交付金の交付対象は公共施設に限られる。ＰＦＩ法第２条第２項に規定する特定事業への交付は可能だが、現実に増加しているのは、より手続きが簡便でＶＦＭが大きいと言われるＤＢＯ方式での民間参入である。一歩踏み込んで、今後さらに官民連携を促進するための施策として、民間施設への交付を視野に入れた検討を進めてみてはどうか。その場合、国の役割は補助金交付基準の調整にあり、自治体側のミッションは、確実で安定した処理を行える事業者の選定・委託にある。「官から民へ」、民間施設への交付金適用は、廃棄物処理への民間活力導入に向けて、既存財源を活用した有効な手段となり得る。

規制緩和

　「廃棄物処理法」の改正は、古くて新しいテーマである。いわく、「一般廃棄物と産業廃棄物の垣根を取り除くべき」、「産廃の指定業種や品目を見直すべき」などの要望が、法見直し議論の度に繰り返し示されている。それでも、制度の根幹は 1970 年以来不変であり、そこにこの法律の普遍性がある。一言で言えば、良くできているのである。第１条の目的は明確であり、そのコンテクストで列挙された個別条項にも見事な必然性が認められる。筆者個人の意見として、同法の大枠を変える必要性などない。リサイクラーが不満を示す諸規制も、行政にとっては過去から現在に至る不正行為の予防措置として不可欠と言える。

　ただし、現状を肯定するわけではない。問題は法制度よりも、その運用にある。許認可権者の自治体が認めれば、リサイクラーが一般廃棄物処理を担うことは可能であり、産業廃棄物との混合処理も可能である。廃棄物該当性の判断でさえ、自治体裁量に委ねられる。広域認定制度や再資源化認定制度の特例もあり、各種

ツール	現状	有効な改善策（例）	期待される効果
補助金	◆開発段階の技術や設備等先進性が高く、採算確保が困難な事業等が補助対象	○「再資源化率向上」や「低炭素化」等定量基準の実現可否のみを交付要件に設定	目標達成に資する技術及び設備導入
拡大生産者責任	◆メーカー等による再商品化の費用直接負担の有効性を促す用語として定着	○公的関与の下、メーカーからリサイクラーに一定の強制力を伴う情報開示を要求	再資源化の高度化
官民連携	◆手続きが簡便でVFMが大きいと言われる「DBO方式」の民間参入拡大	○交付基準の調整と確実で安定した処理を前提とした民間施設への補助金交付	一般廃棄物処理への民活導入
規制緩和	◆廃棄物処理法の諸規制は、現在に至る不正行為の予防措置として不可欠	○運用段階における国や自治体の「強張り」の克服による特例措置の有効活用	特例措置の活用による活性化
社会実験	◆社会システム全体の保全を前提に、地域単位での合理性を無視した一律の基準	○「リサイクル特区」での高品位製品販売等による住民へのメリット提供	リサイクル施設立地への住民理解醸成

リサイクルビジネスを支える政策

図2 政策ツールの現状と有効な改善策（例）

リサイクル法も、廃棄物処理法の例外を認めている。それでもリサイクラーが不自由を感じる理由は、運用段階における国や自治体の「こわばり」にある。例外措置を認める上ではリスクが存在し、行政側のエネルギーも必要となる。だからこそ、現行法の枠組みで許される特例措置は、生かすも殺すも、国や自治体の運用に尽きるのである。

社会実験

　例えば家電リサイクル法において、高品位な室外機を含むエアコンが逆有償で処理されている現状は、どう算盤を弾いても合理的とは言えない。また、業務用は有価取引が当たり前のPCについて、前払いが前提とは言え、家庭系は逆有償で引き取られることも意味不明である。こうした状態が続く原因は、社会システム全体の保全を前提とした法制度にあり、地域単位での経済合理性を無視した一律の基準が適用されるためである。「特区」という

社会実験は、こうした現状をただす上で極めて有効な政策ツールである。すなわち、再商品化能力が十分で、発生源や2次処理先とも隣接する地域では、安価で大量の循環資源を自力で調達できるはずであり、制度の枠を超えて有価取引を認めれば良いのである。

そもそもリサイクル施設は迷惑施設扱いされており、その立地には住民の理解が不可欠である。だからこそ、リサイクル施設が集積した地域を「リサイクル特区」に指定して、域内処理を前提に高品位製品の合法的な販売を認める等、目に見えるメリットを与えてみてはどうか。

自治体が有価資源と認めた物品の取引であれば、住民理解も得やすい上、制度的に広域集荷も可能となる。こうした事例が広まれば、原料製造業の側面を持つリサイクルビジネスへの理解も進み、2次原料の取引も活性化する。結果業界全体のイメージアップが期待できるはずである。

成長産業へ求められる条件

リサイクルビジネスを成長産業に、との機運は高まりつつある。社会インフラとして不可欠な産業の中では未成熟であり、地方活性化に資する内需型産業であるからであろう。また国際的に見ても、90年代以降のわが国リサイクル政策は、ガラパゴス化との批判は受けつつも、確実に成果をあげてきた。中間処理にコストが必要との認識を、国民が受け入れること自体が民度の高さと政策の先進性を示しており、今後わが国リサイクラーが世界のマーケットをリードしていく可能性は十分にある。

欧州ではお得意の理念先行型規制として、ＲＥ（Resource Efficiency）等の議論が進められているが、ＶＷの排ガス不正問

題でドイツの製造業さえ信頼を失墜する中、２次原料優先の資源産業構築や拡大生産者責任強化等のお題目を誰が信用できるのか。わが国は、わが国の道を行けば良いのだ。

　産業振興を支える政策の実現は、マクロ的な関係各位の強い意志の集積が導く結果である。「水素社会」のような派手さはなくとも、リサイクルビジネスを核とした「資源循環型社会」の構築は、立派な成長戦略になり得る。そう信じて、あらゆる政策ツールを有効活用することが、業界全体の未来を拓く近道となる。

（環境新聞・2015 年 11 月掲載）

Trace&Recycle

第5章
リサイクルビジネスも
イノベーションを語ろう

Trace & Recycle

「リサイクルプロセス」のイノベーション
コンセプトを先行させ、業界の未来を描く

イノベーションとは、単なる技術革新ではなく、「受益者にとって価値あるサービスや製品に転換する新しいアイディアや発明」を意味する。どんなに優れた技術や製品も、世の中に受け入れられて人々の生活様式や働き方の変革をもたらさなければイノベーションとは呼ばない。

今世紀最大のイノベーションは、スマートフォンの上市かもしれない。ステレオやデジカメ、ゲーム機、ＰＣ等の機能を掌サイズのネットワーク端末に集約して利便性を高め、パッケージメディアの終焉を招いた。スマートフォンは、高速通信や半導体、液晶等先端技術の粋を集めた製品だが、要素技術の急速な発展は製品コンセプトを後追いしているに過ぎない。

次に、爆発的に普及しているタクシー配車サービスの「ＵＢＥＲ（ウーバー）」や、宿泊施設紹介サービスの「Ａｉｒｂｎｂ（エアビーアンドビー）」もイノベーションの代表例だが、技術的には何の特徴もない。個人が所有する遊休資産を掘り起こしてユーザーとのマッチングや予約、決済を行うだけのネットサービスで

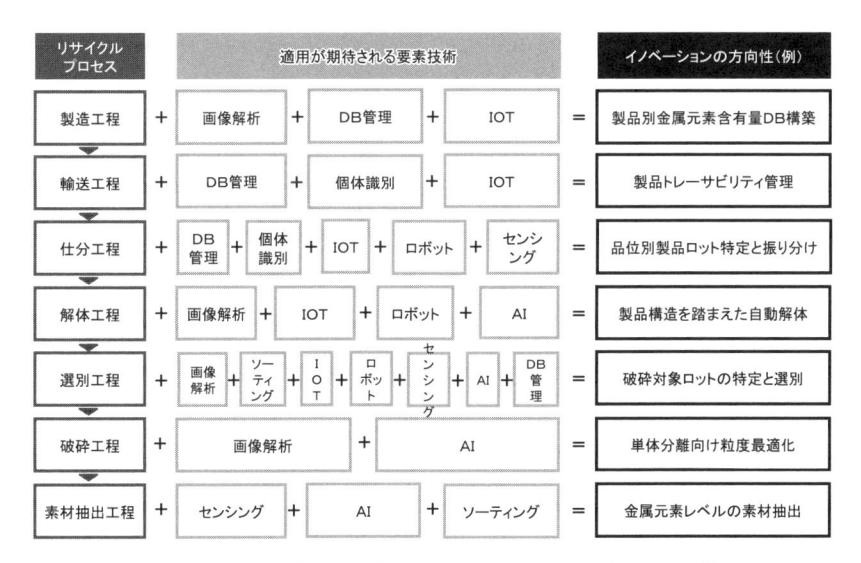

「リサイクルプロセス」のイノベーション（イメージ）

ある。ただし、その先行者利益とブランド力は国境を越えて、既存規制業種の既得権益を侵食しつつ、個人資産や宿泊の定義を変革するに至っている。

　いずれにも共通するのは、どんな製品やサービスを提供するのかというコンセプトを先行させて、要素技術や既存インフラの組み合わせによりビジネスを成立させている点にある。さらに、そのスケールはともかく、イノベーションは先端産業でのみ発現する事象ではない。農林漁業や建設業、廃棄物処理業のように旧態依然とした業界でも、突然変革が迫られる可能性は急速に高まっている。

　リサイクルビジネスは、目の前にある不用物の適正処理を請け負うサービス業と、不用物から素材原燃料を抽出する製造業の複合体であり、その本質は変わらない。変わるのは適正処理や原燃料抽出の手法やプロセスであり、これまでの人手と機械の組み合

わせのあり方は見直す必要性が高い。例えば現時点でのイノベーションニーズは、省人化と自動化、抽出する原燃料の品質や歩留まりの向上にあるのではないか。こうしたニーズを念頭に図示したのが、金属類のリサイクルプロセスを工程分けして、適用が期待される要素技術やその実現がもたらすイノベーションの方向性を示したイメージである。世界中の製造業が「インダストリー4・0」に本気で挑む中、リサイクルビジネスが今のままで良いはずはない。製造業並の生産管理徹底は勿論、先進的な要素技術をリサイクルビジネス特有のプロセスに適用してゆくべきであろう。

　潜在的ニーズのないところにイノベーションは生まれない。逆に、要素技術に課題が残されていても、ニーズさえ明確であればいずれは解決される。潜在的ニーズをコンセプトとして描いて業界全体に示すことができれば、自ずとイノベーションの方向性も共有することができる。将来的な業界の発展に資する投資を促進するためには、今からイノベーションを語り始めることが不可欠との確信を持って、本連載をスタートする。

Trace & Recycle

情報化がもたらす可能性

コンプライアンス＋αのメリット創出を

　取引主体間での情報量やその質の不均衡を示す「情報の非対称性」は、悪貨が良貨を駆逐して、廃棄物処理業界の構造を歪める要因となってきた。排出者が廃棄物処理のもたらすリスクを把握する手段を持たないため、「安かろう、悪かろう」の取引が幅を利かせてしまうことになる。マニフェスト制度は一定のヘッジ機能を果たすが、現場にとっては手間でしかなく、前向きなメリットは生み出し得ない。

　では仮に全ての廃棄物がリサイクルされる世界では何が起こるのか。リサイクルの出口は素材製造業への原燃料販売であり、その付加価値最大化はそのまま利潤をもたらす。

　売り手と買い手がモノと一緒にその品質に関わる情報を要求することになるため、非対称性の問題はすぐに解消される。そうなれば製造業におけるサプライチェーン管理と全く同じになり、例えばＩＴを活用した業務効率化が、一気に推進されることになる。

　本稿では、リサイクルビジネスの情報化がもたらす可能性についての検証を行う。

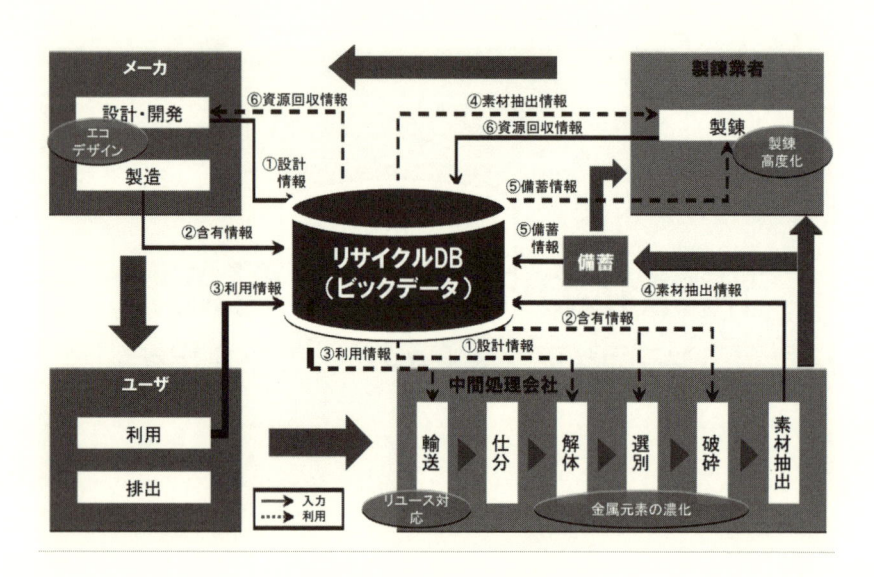

情報化がもたらす可能性

　まずは比較的付加価値が高い非鉄金属をイメージして、そのプレーヤーの役割を簡略化して整理する。起点となるメーカーは、設計・開発と製造を行い、ユーザーはその製品を利用してから排出する。次に中間処理会社が輸送から素材抽出までのプロセスを担い、最後は製錬業者が非鉄金属として再生して、メーカー等に還流される。さらに、このサプライチェーンに備蓄の機能があれば、少なくとも理論的には資源循環の輪が完成する。

　このプロセスを最適化するには積極的な情報管理と共有が欠かせない。例えばメーカーがリサイクル性の高い「エコデザイン」を行っても、中間処理業者にその情報が伝わらなければ処理システムの改善は図れない。逆に付加価値の高い金属の含有情報を中間処理会社が事前に把握できれば、選別・破砕等の工程で金属元素の濃化も可能となる。

　品位が安定した金銀屑やレアメタル含有金属の供給が実現すれ

ば、製錬技術の高度化も可能となり、メーカーに対する資源安定供給も可能となる。

リユース促進の観点から見ても、排出者側の利用状況を中間処理会社が把握できれば、高付加価値な部品取りの判断も容易となる。こうしたメリットを享受するために必要なのが、いわゆるビックデータを管理するリサイクルデータベースなのである。

現実の世界では、情報開示や共有により不利益を被る主体もいる。また、全体最適のあり方として総論賛成であっても、そのプロセスに至る各論レベルでのメリットが見えないため、協力に消極的となる事業者も多い。だからこそ必要となるのが、行政や有力な業界団体のリーダーシップなのである。

廃棄食品の不正転売事件は、リサイクルビジネス全体のイメージダウンをもたらす深刻な問題である。その悪影響は中間処理会社のみならず、メーカーにも及ぶ。今こそ求められるのは業界全体の透明化であり、その実現ツールが情報化なのである。資源循環を担う全ての主体が、リサイクルの情報化がもたらすメリットについて、真剣に考えるべき時が来ている。

Trace & Recycle

省人化・無人化に資するロボット技術
トライ＆エラーを経て就労人口減対策を

　リサイクルビジネスは労働集約型産業であり、雇用創出を通じて地方の活性化等に寄与してきた。特に仕分け・分解・選別のプロセスでは熟練作業員の目利き力ときめ細かな手作業が、いかなる機械をも上回る精度を実現している。ただし、少子高齢化を背景に国内で工場勤務する就労者数は確実に減少する。中でも、３Ｋ職場とも呼ばれる中間処理施設で今後も継続的に作業員を確保し続けることは至難である。

　資源循環を担うリサイクル施設の役割が縮小することは考えられず、選別精度低下が受け入れられるはずもない。だからこそ、人間並み以上の処理が可能なロボット技術導入により、省人化・無人化を見据えた取り組みに挑む必要があるのだ。

　本稿では、リサイクル施設におけるロボット技術の導入可能性や課題等についての検証を行う。

　高度なロボット技術導入が最も有効なのは、既述の仕分け・分解・選別の工程である。仕分けとは、搬入した使用済み製品の種別や型番等を把握して、回収対象とする素材の含有量等を勘案し

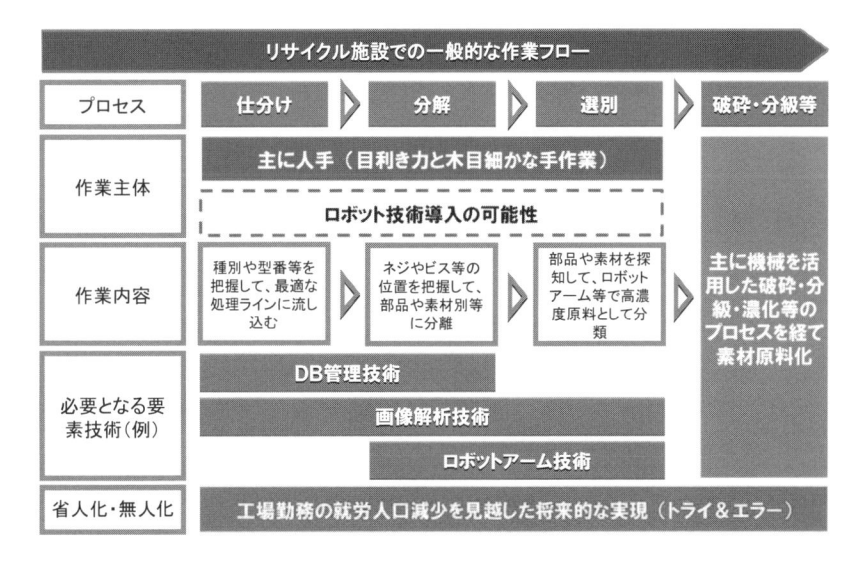

省人化・無人化に資するロボット技術

つつ、最適な処理ラインに流し込む作業を指す。具体的には、製品の個体識別に必要な情報を、あらかじめ整備したデータベースを廃製品側のバーコードやセンサー端末と突合して判断する。あるいは画像解析等を通じて、当該製品の外形等から判断して、処理ライン選定を行う手法もあり得る。

　次に分解について、製品をつなぎ合わせるネジやビス等の位置を把握して、特定の場所や角度にエアドライバー等を突き刺した上で、部品や素材別等に分離する必要がある。この際も製品の個体識別は必須であり、データベース活用、画像解析またはその組み合わせにより、製品ごとに最適な分解手法を選択する必要がある。

　最後に選別は、例えばベルトコンベア上を流れる解体済み部品や素材を探知して、ロボットアーム等で濃度の高い破砕前原料に分類する作業のことである。現在も光学選別や磁力選鉱により自

動選別が行われているが、手選別並の精度を実現するためには「手」に該当する機器で、「目」に該当する画像認識を前提に作業を行う必要がある。

　仕分け・分解・選別後の部品や素材は、現在も機械主導の破砕工程に投入される。したがって理論的には、機械操作やトラブル対応を担う人材以外の人手が完全に不用になることも可能なのだ。

　現時点で、リサイクル分野に特化したロボット技術は確立されていない。一定のトライ＆エラーを通じて就労者数減少を補う期間のうちに実用化してゆけば良い。リサイクルの場合、自動運転のように人命に直結したり、製造ラインのように品質保証が問われたりするリスクは小さい。いきなり100点を目指すのではなく、50点から徐々に点数を高めていけば良いのだ。

　単位当たり付加価値が低い業界は、一見して先端技術との親和性が低いようにも見える。ただし、その必然性と着手ハードルの低さを考えれば、リサイクルビジネスにもチャンスはある。まずは他産業に先行して、技術開発フィールドを提供する覚悟と意気込みに期待したい。

Trace & Recycle

ドローンがもたらす業界の透明性
技術面・経済面共に合理的な新技術

　15年以上前、衛星画像を活用して不法投棄等の未然防止・拡大防止を図る実証事業に大規模な国費が投入された。当時は青森・岩手県境不法投棄事件発覚直後で現状把握にも課題があったが、不法投棄未然防止という観点では散々な結果に終わった。単純に空が曇れば画像が映らないためである。先進技術の社会実装にリスクが伴うのは当然だが、一定のコストメリット予見は必須である。

　一方、時代は変わり、いわゆるＩＴ機器や関連ツールの価格は大幅に下落した。その典型事例の一つがドローンである。ドローンとは遠隔操作や自動制御が可能な小型無人機の総称であり、ＧＰＳやカメラを搭載することで航空写真や映像を自動撮影できる。高額機種でも数十万円オーダーで購入可能であり、その汎用性は極めて高い。

　本稿では、今すぐ利用可能なイノベーションの事例としてドローンを取り上げ、その可能性等について検証する。

　まずは既述の不法投棄対策として、すでに茨城県や青森県で導

安価で汎用性の高い新技術としての「ドローン」導入		
行政監視・指導強化	遠隔操作や自動制御が可能な小型無人機の総称	**事業活動の効率化**
・定期観測による不法投棄の未然防止／拡大防止 ・保管場所での産業廃棄物の過剰保管監視／画像保管 ・無許可の残土埋立摘発　等		・最終処分場の残余容量測量 ・品目別発生量予測等による作業計画の高度化 ・新規の二次処理先や処分場の現地確認　　等

不法行為を価格競争力の源泉とする企業等の摘発及び淘汰
正直な商売をするリサイクラーが優位な「透明で公平」な競争環境の整備
廃棄物処理・リサイクル業界全体の信頼性向上

ドローンがもたらす業界の透明性

入されている。特に茨城県では、産業廃棄物の過剰保管を５カ所、無許可の残土埋め立てを１カ所発見・指導するなど、施設内での不適正行為摘発にも効果を発揮し始めている。特に保管場所や処分場の場合、一般的に屋根がないため空撮画像が確実な証拠になり得る。行政が上空から監視して、画像を保存すること自体が不適正行為に対する抑止力になることは確実であり、全国の都道府県はすぐにでも同様の取り組みを開始するべきである。

　一方の事業者側も、事業の効率化やリスク管理のためにドローンを活用することができる。例えば、最終処分場の残余容量測量は、技術管理者や測量士等に委託する必要があったが、制度的課題解決を前提に定量的な証明を伴う内製化を進めることが期待できる。また、建設現場等からの処分委託を受ける際、現地での品目別発生量予測を行うことで収集運搬を含む作業計画の高度化も実現できる。さらに新たに取引を行う２次処理先や処分場の現地

確認等を事前に行えば、リスク管理にも役立つ。

　以上は全て手触り感のある実用的な用途であり、削減可能な人件費を考えれば、すぐにでも全国に普及するはずである。残念ながらこの業界には、不法行為を価格競争力の源泉とする企業が今も多数存在する。行政側が低コストで精度の高い監視や指導を行うための技術は、正直な商売をしているリサイクラーにとっての追い風となる。透明で公平な競争環境整備が急速に進むことは確実であり、その先に目指すべきは業界全体の信頼性向上である。

　そのためにも廃棄物処理・リサイクル業界の旧態依然たる技術的な常識や、資格制度を含む運用プロセスを見直すべき時が来ているのではないか。現在進められている廃棄物処理法の見直しも、技術的裏付けが確立して初めて可能になる。

　ドローンの事例に限らず、先端技術が商用化されるまでのスピードはかつてないほどに早い。自社事業に一見関係ない技術情報にも常にアンテナを立てることで、一歩先行く差別化を図るチャンスの間口が広がっている。

Trace & Recycle

収運業者版UBERが生み出すプラットフォーム
静脈ロジの最適化を促すテクノロジー

　米国の廃棄物処理市場は、ウェイスト・マネジメント社とリパブリック・サーヴィス社による実質的な2社寡占状況にある。そんな中、ルビコン・グローバル社というベンチャー企業が急速に存在感を高めつつ、零細収集運搬業者等のネットワーク化を進めている。同社は、公共を含む収集運搬業務の発注を請け負うオークションサイトを構築して、排出者側情報を集約した上で、排出から回収までの流れをモニタリングしている。言わば収運業者版UBERである。結果、不必要な回収機会を削減しつつ、循環資源とリサイクラーのマッチングにより処分される廃棄物の削減にも貢献している。

　こうしたベンチャーが生まれるダイナミズムは米国特有にも見えるが、本当にそうだろうか。本稿では、静脈ロジスティクスの最適化や再資源化率向上等に資するマッチングをテーマに、わが国での実現可能性について検証する。

　廃棄物処理法は、「収集運搬の委託は収集運搬業の許可を持つものと、中間処理または最終処分の委託は処分業の許可を持つも

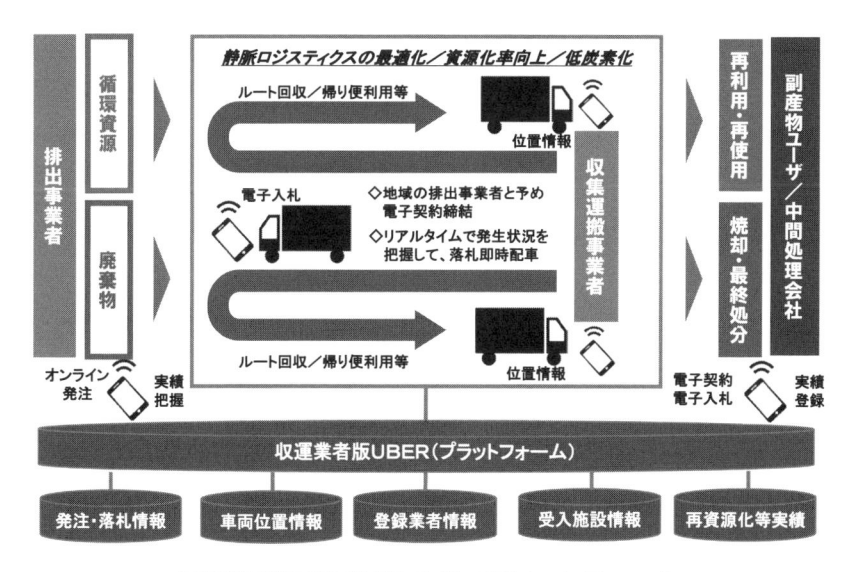

収運業者版UBERが生み出すプラットフォーム

のと、それぞれ2者間で契約する」と定めている。現場実態としては、収運業者か処分業者のいずれかが営業窓口となり、信頼できる業者との連携により排出者に提案している。例えば処分業者が、自社車両を含め排出者周辺で活動する収運事業者を全てリスト化した上で、全事業者と同時に電子契約を締結するサービスを提供すれば、どの収運業者を派遣しても法的な問題は生じない。排出者側の意向を踏まえた非定期の収集依頼に、アドホックかつ最短で、最も効率の良い回収ルート提案を行うことができる。排出者による現地確認は、実際に取引が発生した会社のみを対象に行えば良い。

　勿論、処分業を営んでいない別の事業主体が、収運業者と処分業者をネットワーク化して排出者に同じサービスの提案をすることもできる。既存業態では廃棄物管理業者に近いが、決定的な違いは排出者側が選ぶ業者の管理をするか、自ら業者のプールを作

り出すか、にある。

　現状として、排出者は過去の経緯に基づく情報から取引先リストを作成して、見直しをかけることもなく、収運業者や処分業者を選定するケースが多い。競争環境の欠如は業界全体の課題であり、収運業者や処分業者の側が優良業者選定のイニシアティブを取り戻すことが絶対的に必要となっている。だからこそ、業界側で信頼性のある事業者ネットワークを形成して、排出者側に提示することに必然性がある。

　業界側の排出者データベース保有は、マクロ的な収集運搬コストの低減、資源化率向上および低炭素に資するマッチングを可能とする。排出者責任が問われることは今や常識だが、十分な情報を持たない側に責任を押し付けるシステムには実効性がない。情報プラットフォームを創り、担うのは本来、業界を担うプロの仕事である。

　シェアリングエコノミーの台頭は、リサイクラーにとっても他人ごとではない。新規テクノロジーへのアンテナを常時立て続けることが、業界が抱える課題解決を促すきっかけとなり得る。

スマホの機能と可能性

最強端末を生かす現場目線の創造力

　「ポケモン GO」の上市は、イノベーションに新たな方向性を示した。IT 革命以来のサービスは家やオフィスに居たまま社会生活を送れるベクトルで急速に進化してきたが、この遊具は人々を自発的に外に導き、さらには特定の場所に誘導する点が注目されている。

　ただし、AR（拡張現実）を利用した遊具が爆発的に広まった前提には、今やマジョリティとも言えるスマートフォン（以下、「スマホ」という）ユーザの存在がある。民間調査会社によれば、国内では 70％超、途上国を含む主要国でも 50％超の人々がすでに GPS 機能内蔵のスマホを保有している。すなわち、スマホ利用を前提としたビジネスの受け入れ俎上はすでに整備されていると言える。

　本稿では、産廃マニフェスト管理を一例に取り上げて、リサイクルビジネスの現場におけるスマホ活用可能性を検証する。

　ここではまず、スマホの用途を「入力」「記録」「通信」「アプリ搭載」の 4 つに分けて考える。操作性が高い入力端末としては、

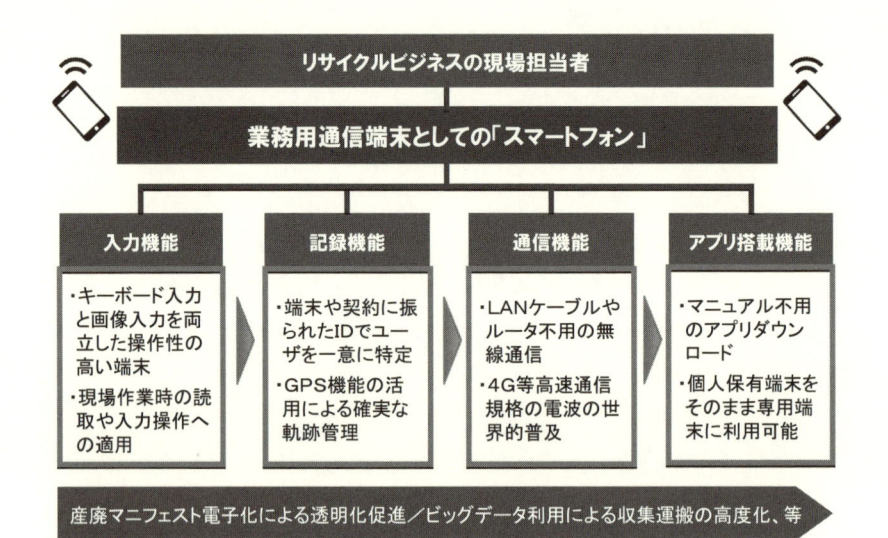

スマホの機能と可能性

バーコード読み取りなどを行うハンディターミナルや PC が代表例であった。スマホは手許での画像読込とキーボード入力の双方を可能としており、現場での読み取りや入力操作が求められる作業にも適用できる。例えばマニフェスト伝票への記入や受け渡しなどを代替することは容易に実現可能である。

　次に記録機能である。スマホには「ユーザ ID」と呼ばれる契約者固有識別子や端末固有識別子が振られているため、読み取られた情報や画像などがどこに流通しても、どの端末で記録されたのかが一意に特定できる。さらに GPS 機能で端末所在が特定されれば、少なくともルート管理上の不正行為等は完全に把握（防止）することが可能となる。

　3つ目に通信機能である。ハンディターミナルや PC は LAN ケーブルとルータの利用による有線接続による通信が一般的であった。一方、スマホで通信可能な 4 G 等高速通信規格の電波は、

今や世界中に張り巡らされており、電源さえ確保できれば、ほぼリアルタイムに記録済み情報をインターネット経由でどこにでも送信することが可能となっている。

　最後に、「アプリ搭載」機能である。「ポケモン GO」を例に挙げるまでもなく、スマホへのアプリダウンロードは、操作説明が不要な程容易である。マニフェスト管理の場合もユーザ側にアプリの名称さえ伝えれば、各自が保有する端末がそのまま専用端末として利用可能となり、操作性や動作環境を理由に導入を断念する必要がなくなる。

　産廃マニフェストの電子化率は 44％を超えたが、極端に言えば今はその情報全てがコンプライアンス管理の手段に過ぎない。仮に 100％に近い電子化が実現できれば、ビッグデータとして収運・処理の効率化等を見据えた前向きな利用価値も生まれる。スマホの普及がその後押しとなることを期待したい。

　以上の機能を個別に検証すれば、業界内で産廃マニフェスト以外にもスマホの多様な利用場面が見出せるはずである。最強の通信端末を生かせるか否かは、現場目線の創造力の有無で決まる。

Trace & Recycle

IoT導入促進と解決すべき課題
未来を切り開く差別化ツール

　昨今、「あらゆるモノがインターネットにつながる」というフレーズを新聞で目にしない日はない。少子高齢化に伴う労働人口減少対策や製造・物流等効率化に資する次世代インフラとして、モノのインターネット（以下、IoT）が国内外で注目を集めている。これまでも「ユビキタス」等同様のコンセプトは存在したが、今回は社会全体の期待水準が高い。ビッグデータを収集する上でも、その解析を AI（人口知能）で行うためにも、端末とデータベースを結ぶ IoT が不可欠になるからである。

　情報通信白書によれば、現状 158 億個の機器がインターネットに接続しているのに対して、2020 年までにその数は 530 億個に達する。また、有望な対象機器は「一般消費者向け製品」「産業分野」「自動車分野」とされる。

　では廃棄物処理・リサイクル業界で今すぐ実践できることと解決すべき課題は何か。本稿では、業界内の IoT 導入方策等に係る例示・検証を行う。

　まず、最短距離でメリットが見出せるのは、車両・機材管理で

導入分野の事例	車両・機材管理	プラント管理	廃製品の選別・処理
今すぐ実践できること	・ドライバーが保有するスマートデバイスの活用 ・ICタグ／読取装置の活用	・焼却炉の遠隔監視・操作サービス（発電量自動調整や、AIを活用したトラブル検知・抑制等）	・バーコード読み取りや画像解析による廃製品毎の機種や型番の事前把握
解決すべき課題	◇ 無線端末からの情報集約によるインターネット接続（エッジコンピューティング導入）	◇ センサリング対象データの取得範囲拡大 ◇ データ活用手法の高度化	◇ 製品毎の詳細な組成データや利用データ等に係るDB構築（※動脈側のメリットが必須）

IoT 導入促進と解決すべき課題

ある。収集運搬車両のみならず、コンテナ等の機材にも無線端末を付けて位置情報や利用情報を管理すれば、輸送ルート最適化、片荷運行の削減、機材管理効率化等が可能になる。ただし、センサー側で常時電源を確保することは非現実的であり、GPS端末等をそのまま利用することはできない。いわゆる「エッジコンピューティング」で無線端末からの情報を集約してから、インターネットに接続するシステム構築が当面の課題と言えよう。その実現までは、ドライバーが保持するスマートデバイスを発信機・受信機として利用するか、ICタグと読取装置の組み合わせが現実解となる。

　次にプラント管理である。例えばごみ焼却施設を対象にした遠隔監視・操作サービス等は商用化されており、売電収入拡大のための発電量自動調整や、AIを活用したトラブル検知・抑制等が実現されている。今後の課題はセンサリング対象データの取得範

囲拡大とその活用手法の高度化にあり、廃棄物処理法が定める既存管理項目＋aのモニタリング機能が求められる。

　最後に家電や通信機器等廃製品の選別・処理である。バーコードの読み取りや画像解析により廃製品ごとの機種や型番を事前把握することは今も可能である。今後の課題は、より詳細な組成データや利用データ等を把握することで、その後の処理工程を最適化することにある。その前提として廃製品ごとのDBが求められるが、リサイクル高度化のみを目的にメーカーがリサイクラーによる閲覧可能なシステムを構築することはあり得ない。したがって製品・部品リユース促進や処分費削減等で動脈側メリットを高めつつ、長期的には素材系メーカーを巻き込んだクローズドループ実現に向けた社会的コンセンサス作りが必要となるのである。

　IoT導入には、理想形から逆算するより、実現可能な事例を積み上げつつ、目先の課題を解決するアプローチの方が有効と考えられる。今すぐ何ができるのか、考え抜いて先に手を付けた者が未来を切り開く差別化ツールを手にする。

地域貢献のイノベーション
新たな地域貢献のアプローチ

　リサイクルビジネスは、健全な社会経済発展に不可欠な社会インフラだが、その事業場が迷惑施設のレッテルから逃れることはできない。環境・社会面のコンプライアンス徹底は前提条件に過ぎず、車両や廃棄物の集約拠点である以上、近隣住民等への影響は免れ得ないためである。したがって、地域社会に対して積極的な貢献姿勢を示す必要があり、焼却炉があれば温水施設、処分場跡地には公園を整備するなど、多大なコストをかけて利益還元に資する取り組みも進められている。ただし、その主体は企業体力と大規模施設を有するリサイクラーに限定されており、業界全体のイメージ底上げには、中小事業者を含む業界全体の地域貢献活動拡大が必須となる。

　本稿では、比較的低コストで導入可能なイノベーションツールを用いて、効果的に地域貢献を実現するアイディアの例示・検証を行う。

　まず、「環境教育」を目的とした拡張現実（以下、AR）の活用が考えられる。「ポケモンGO」で一躍認知度が高まったARだが、

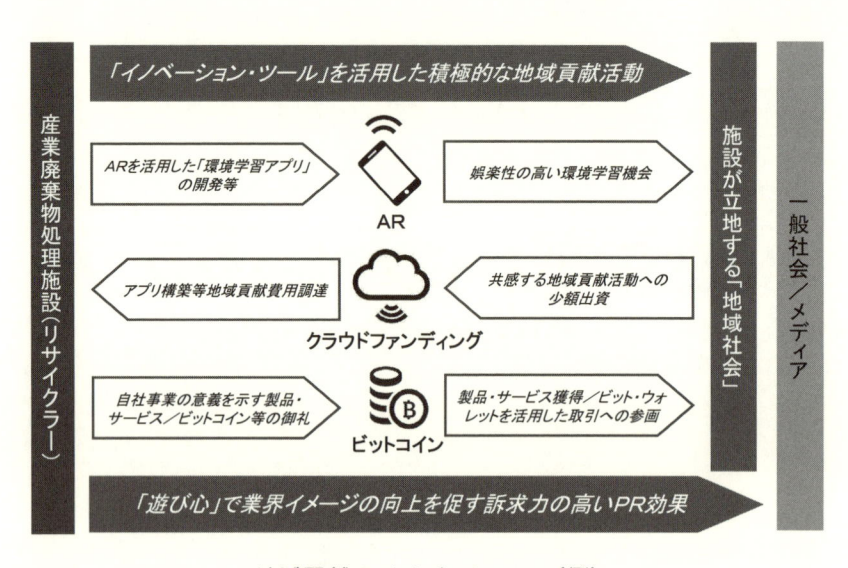

地域貢献のイノベーション（例）

その利用端末はスマホであり、アプリケーションのみを自前で整備するハードルは決して高くない。すでに多くの産廃処理施設では、小中学生の社会化見学の受け入れなどを行っている。例えばスマホ持参を前提に、現場でアプリをダウンロードさせれば、キャラクターアイテム捕獲を伴うコース案内や、習熟度チェック後のノベリティ提供等、ゲーム性の高い環境学習機会が提供できる。サイト限定サービスであれば、地域社会の関心度は高まり、より多くの市民参加が見込めることになろう。

　アプリケーションの構築費用も自己調達できない場合、「クラウドファンディング」を活用することも可能である。地域活性化に直結する資金集めには「寄付型」の可能性もあるが、目標金額達成の現実性が高いのは、出資者側に御礼の商品やサービス提供を約束する「事前購入型」となる。NPOが太陽光パネル設置費用出資者に、地元野菜などを対価として提供する事例等も普及し

つつある。出資者集めのポイントはファンド・コンセプトへの共感を得ることにあり、リサイクラーの場合、廃プラ再生品や堆肥等、自社事業の意義を PR できる商品提供が順当かもしれない。

さらに自社の商品やサービス以外の取引にも利用可能な「ビットコイン」を御礼品に利用するアイディアにも面白みがある。ビットコインは、金融機関向けの手数料や為替リスクを避けつつ、確実な決済を行える点に魅力がある。ただし、現状は制度的に貨幣と認知されておらず、ウォレット保有者数が限定的であり、商品価格変動リスクも高いため、一般ユーザーの利用メリットは薄い。一方、その社会的関心は急速に高まっており、リサイクラーがユーザー拡大のきっかけとなる取り組みを始めれば、社会的な注目度が高まることは確実である。

本業を通じた雇用拡大や納税は全ての企業の使命であり、その社会的意義は疑う余地もない。ただし、「＋α」の努力が必要な業種が一般社会やメディアに訴求するには、「遊び心」を伴う新技術活用による PR 効果も必要なのである。

Trace&Recycle

AI導入の目標と適用範囲

「匠の技」からの脱却

　米グーグルの研究部門が開発した人工知能（以下、「AI」という）である「アルファ碁」にプロ棋士が負けたニュースがあったが、加減乗除の演算力で電卓にさえ勝てない自らを思えば当たり前のことである。目標とルールがデジタルに明確化された勝負では、ゲームにせよスポーツにせよ、人間が機械に勝てないことは自明である。

　三度目とも言われるAIブームだが、今回の目玉は「深層学習」と言われる。ロジックの積み上げに依存する機械学習とは異なり、膨大な画像データや音声データ等を要素分解・解析して機械自ら法則性を見出すことが可能となっている。人間は誰でも家族の顔を確実に識別するが、その理由を正確に言語化・数値化して他人に説明することは不可能だ。それが機械には可能であり、人間が組み立てたロジックの事前インプットなしに、目標に到達できる可能性が高まったのである。本稿では、廃棄物処理・リサイクル分野におけるAI活用の意義とその適用範囲についての検証を行う。

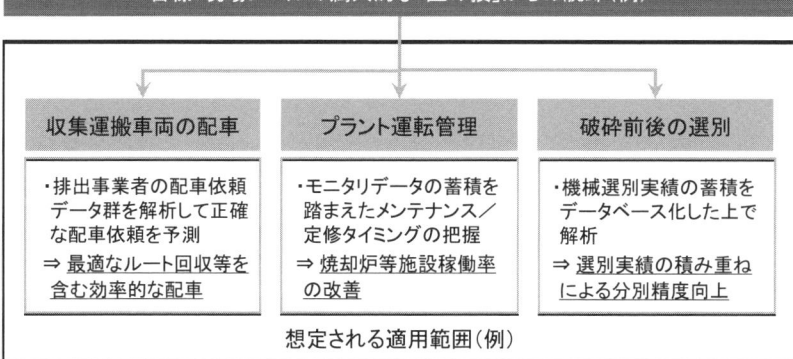

AI 導入の目標と適用範囲

　AI 導入により最も期待されるのは、属人的な「匠の技からの脱却」である。他産業との比較でも、マニュアル化や電子化の度合いが低いリサイクルビジネスでは、現場の円滑な運営や生産性向上が特定個人のスキルや勘に依存している。しかも当該担当者でさえ自らの判断基準を言語化してマニュアル化できないため、技能伝承が困難となり、効率的なソリューション導入の足枷になっている。AI導入は、この現状を打破するきっかけとなり得る。

　例えば、収集運搬車両の配車設定である。排出事業者と締結する委託契約では収集予定日まで定めておらず、スポットの収集依頼等にも対応しなければならない。配車担当者は経験と過去の実績を踏まえて予測を立てた上で、自前車両の行先に係る差配を行う。こうした予測は正に AI の得意分野であり、多数の排出事業者全ての配車依頼データを解析して正確な予測ができるようになれば、担当者の経験に頼る度合いを低減しつつ、最適なルート回

収を含むより効率的な配車が可能になる。

　また、プラント運転管理も同様である。焼却炉の工場長は、施設メンテナンスや定期修繕のタイミングをモーターの稼働音等を踏まえた経験則と勘で判断する。仮に適切な個所にセンサーを設置した上でモニタリングを行い、蓄積したデータを踏まえて客観的判断が行えるシステムを導入できれば、焼却炉の稼働率を高めることにもつながる。

　さらに破砕処理等前後の選別作業も導入対象になり得る。例えば廃プラスチックの選別等では光学選別装置導入が広がっているが、機械選別の実績をデータベース化した上で AI による解析を行えば、選別を重ねるごとに分別精度が高まるシステムの開発も期待できる。同様に、金属を対象とした破砕選別装置が対象となればシステム導入の付加価値はさらに高まる。

　業界全体の高度化を見据えて AI を導入すべき目標と適用範囲は、幅広く検討する価値がある。さらにロボット技術との組み合わせまで進むことを考えれば、その検討プロセスこそが、人間に求められる役割となる時代が来るのかもしれない。

シェアリングという発想

設備・機材の稼働率向上に向けたアプローチ

　民生分野におけるカーシェアリングの普及が加速している。国内でも駐車場を活用した無人レンタカー事業は急速に拡大しており、UBERテクノロジーズ等配車サービスの参入が認められれば、民生用車両の稼働率はさらに高まることが見込まれる。今後、シェアリング対象が自動車以外の製品に広がることは確実と見られており、その背景には物品保有への価値観の転換のみならず、技術的イノベーションの裏付けもある。

　一方、産業分野でのシェアリングは、民生分野ほどに進展していない。例えば競合と連携を図れば、相対的な競争力低下を招くリスクはあるが、機材や設備の稼働率向上がもたらすメリットがそのリスクを上回る可能性は十分にある。装置産業の側面を有するリサイクルビジネスも例外ではなく、シェアリングという発想を取り入れるべき時が来ている。

　本稿では、業界内でのシェアリングの可能性とその実現に向けた課題等についての検証を行う。

　まず、目先でシェアリングニーズが高い機材は収集運搬車両で

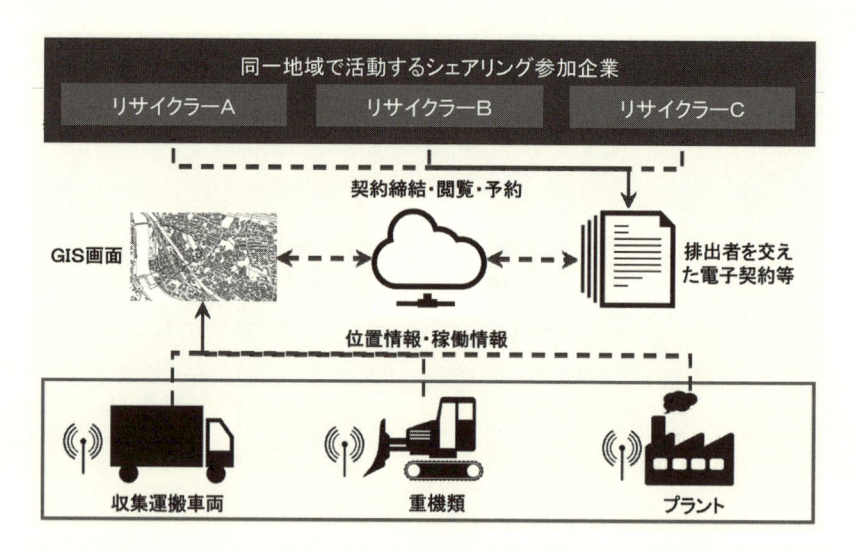

「シェアリング」という発想

ある。必要なタイミングで車両やドライバーを確保できず、失注に至る事例も現実に発生している。無論、収集運搬車両には会社ごとの登録が求められるため、他社顧客の廃棄物を自社車両で回収することは制度的に禁じられている。ただし、対象が有価物であれば片荷運行を削減したり、混載により積載率を高めたりすることが可能である。その実現に求められるのが、集荷対象となるクライアント側の発生量や回収ニーズにかかる情報であり、そこにイノベーションニーズが顕在化している。例えば、複数のリサイクラーが顧客情報をインターネット上で共有した上で、GISの活用により発生源情報を共有できれば、収集運搬車両のシェアリングが実現可能となるかもしれない。

　次に、重機類のシェアリングも検討対象となり得る。高額な重機類購入はリサイクラーにとって大きな投資であるにも関わらず、購入後は特定の時間帯に集中的に利用され、あとの時間は不

稼働となるケースも見られる。特に廃棄物処理施設が集積している地域等では、複数企業による重機類の買入と稼働状況管理を前提としたシェアリングにより、投資費用削減の可能性が高まる。

　最後に、焼却炉等のプラントも論理的にはシェアリング対象となり得る。再生資源の相場が低い現在、焼却炉では受け入れ可能量を超える廃棄物搬入ニーズが生じることもある。事務手続きの柔軟性の高い電子契約の導入等により、受け入れ能力を超えた受注があった時、あるいは定期修繕の時等に、連携先施設への搬入を促して紹介手数料等を受け取るモデルを構築できれば、それもシェアリングの一形態となり得る。装置産業にとって施設稼働率向上は最優先課題の一つであり、マクロ的な需要が地域ごとの処理能力に近づく程、シェアリングニーズは高まるはずである。

　産業分野でのシェアリング導入は、業界を問わずこれからの課題となる。リサイクラーによる取り組みが、設備・機材の稼働率向上による生産性向上の先駆けとなることを期待したい。

Trace & Recycle

イノベーション投資の回収方策

強み生かして弱みを補いながら業域拡大を

　政府はサイバー空間とフィジカル空間が高度に融合した超スマート社会をわが国の未来像として描き、その実現に向けた取り組みを「Soiety5.0」と呼んでいる。「狩猟」「農耕」「工業」「情報」と進化してきた社会の次のステージを見据えた戦略だが、残念ながら総花的で手触り感が感じられない。イノベーション促進の重要性を強調しつつも、課題設定が不明確であり、新たな社会の実現が企業にもたらすメリットやチャンスが不明確なためである。マクロ的な社会変革は、個社レベルでの十分なインセンティブがなければ実現できない。

　IoT、AI、ロボット等導入には例外なく初期コストが必要であり、リサイクルビジネスも投資回収のシナリオを描けなければ踏み込むことができない。電子化による効率化・省人化による投資回収は情報社会のモデルであり、さらなるイノベーション投資には、本業の改善に加えて新たな付加価値創出も必須となる。

　本稿では、リサイクルビジネスのイノベーションに伴う投資回収の実現方策を例証する。

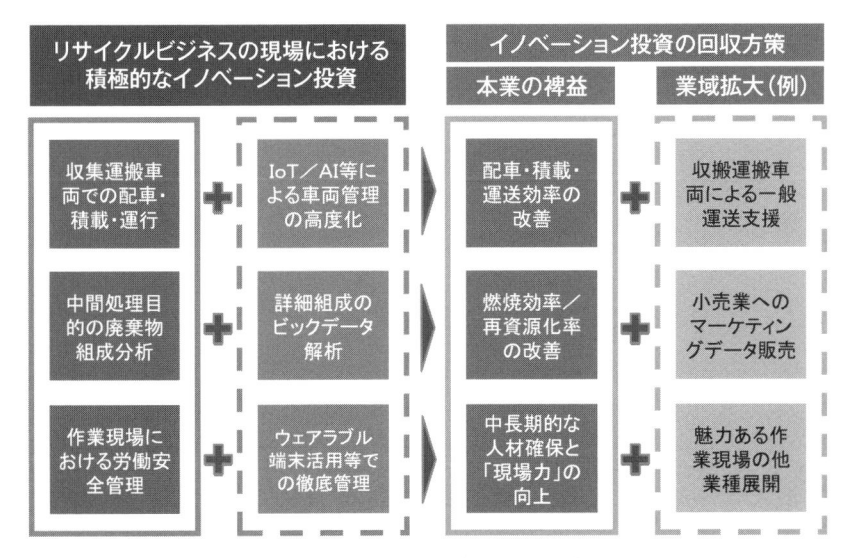

イノベーション投資の回収方策

　まず、リサイクルビジネスの強みの一つは、収集運搬車両がもたらす機動力にある。IoT や AI の活用により、リアルタイムで配車・積載・運行管理を行う体制を整備すれば、その強みを強化することができる。また、一般の運送業界では「ラストワンマイル」の配送が課題となり、深刻な人手不足が続いている。一般車両で廃棄物の収集運搬はできないが、その逆に規制はない。高度にきめ細かな配車管理が可能な車両を動脈物流にも適用できれば、稼働率向上による収益拡大は確実である。車両管理の高度化は、ドライバー不足という目先の商機を生かす積極投資にもなり得るのだ。

　次に廃棄物を取り扱う企業は、中間処理の効率化等を目的とした組成分析を不定期に行っている。仮にさらなる詳細分析の継続によりビッグデータ化することができれば、燃焼効率の改善や再資源化率の向上等も期待できる。さらに、機密保持契約が許す範

囲で解析を行えば、小売事業者等に対する販売価値を有するマーケティングデータにもなり得る。結果、先般話題となった節分時の恵方巻大量廃棄等の発生を事前に抑止することで、処分費は減ってもデータ提供費で回収する、そんな情報サービスへの展開も検討すべきである。

　最後に、リサイクルビジネスの現場でも人材不足は顕在化しており、いわゆる「3K 職場」のレッテルを抜け出すことは緊急の課題である。特に労働安全管理の徹底に向けた投資は必須であり、ウェアラブルセンサー活用による遠隔管理等最先端技術導入も急ぐべきである。さらに労務管理や機材管理にも IC タグ等を積極活用することより、他業種以上に効率的で魅力ある作業環境を実現することが求められている。一見過剰に見える投資でも、製造業にも負けない「現場力」を育成して商品化することで、他業種展開を目指すこともできる。イノベーション投資の是非は、本業への直接的な裨益だけで判断すべきではない。新たな業域への展開を念頭に、波及効果まで見据えた十分なメリットが見出せるなら、勝負してみる価値はある。

リサイクルビジネスのあるべき姿
不確実性に挑むチャレンジ精神

　リサイクルビジネスの現状を現わすキーワードは、「ボーダレス化」である。廃棄物と有価物双方をターゲットに、原料化や燃料化を担う事業者が循環資源を奪い合い、国内外を問わず広域取引が行われている。わが国の社会経済を担うインフラとしての立ち位置はすでに確立されており、地域ごとに対象品目に応じた先行企業（ファーストフォロワー）が、競争優位性を保ちながら力を蓄えつつある。

　また、将来展望を見据えると、大規模化・低炭素化・グローバル化が進展することは確実と見られる。売上規模が100億円を超える企業数は拡大しており、廃棄物発電・メタン発酵・RPF等燃料化等、低炭素化等を武器にした新たな競争軸も生まれつつある。さらに、インフラ輸出の一環としてマーケット拡大に資する海外展開の加速等を受けて、わが国の経済発展に資する成長産業となることへの期待も大きい。今後は、「より強く、より早く、もっと遠くへ」という普通の産業としての競争と淘汰が加速していくことになる。

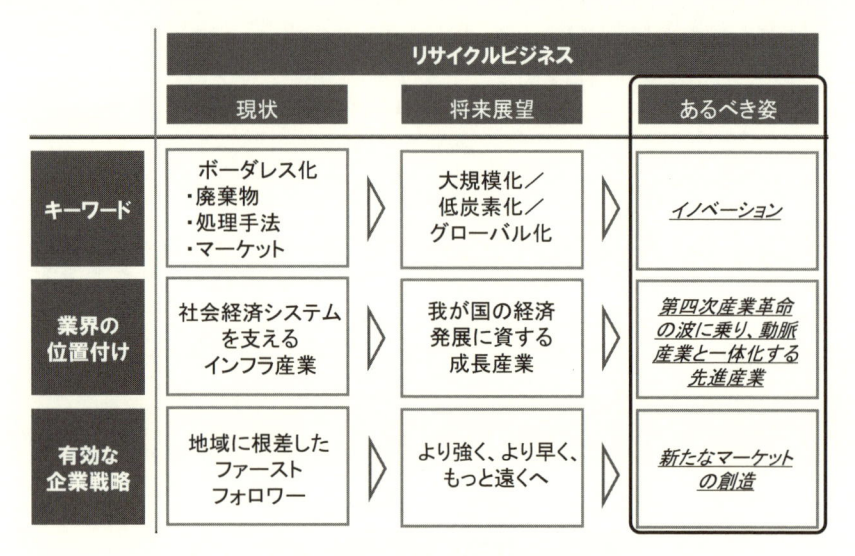

	リサイクルビジネス		
	現状	将来展望	あるべき姿
キーワード	ボーダレス化 ・廃棄物 ・処理手法 ・マーケット	大規模化／ 低炭素化／ グローバル化	*イノベーション*
業界の 位置付け	社会経済システム を支える インフラ産業	我が国の経済 発展に資する 成長産業	*第四次産業革命 の波に乗り、動脈 産業と一体化する 先進産業*
有効な 企業戦略	地域に根差した ファースト フォロワー	より強く、より早く、 もっと遠くへ	*新たなマーケット の創造*

リサイクルビジネスのあるべき姿

　ただし、リサイクルビジネスには、原燃料の発生源である国内各地で廃棄物処理を担うミッションに伴う特異性がある。製造業のように拠点を全て海外に移転すれば本来ミッションを果たせず、小売業のようにインターネット経由で世界展開を図ることも現実的ではない。わが国では史上類を見ない少子高齢化に伴う労働力人口の減少が急速に進展しており、人手不足が長期トレンドになることは確実である。労働集約型産業としてのリサイクルビジネスは限界を迎えつつあり、産業としての新たなあり方を模索する必要がある。

　これからのリサイクルビジネスのあるべき姿はどこに見出すべきなのか。そのキーワードこそが、「イノベーション」である。イノベーションは、産業の成熟化に伴う必然であり、業界としての持続的な発展を維持するための必要条件である。当面の具体策としては、IoT や AI 等の導入による省人化・無人化を進めるこ

とが挙げられる。

　イノベーションの追求には、不確実性に挑むチャレンジ精神が求められる。他社が成功を予見できない領域にこそチャンスがあり、発想の転換で新たな商品やサービスを見出すことが王道となる。他産業の事例を見ても、「破壊的テクノロジー」の普及拡大には、むしろ中小零細企業に優位性があり、そのチャンスはリサイクルビジネス全体に広がっている。

　ただし、新たな取り組みが成功する確立は低い。低打率だからこそ、何度でもバッターボックスに入ることが重要であり、「質よりも量」を優先した低リスクでスピード感あるチャレンジが求められる。本質的なイノベーションは、巨大な設備投資だけではなく、試行的な「トライ＆エラー」の積み重ねの上に成立し得る。

　リサイクルビジネスは、第4次産業革命の波に乗って、動脈産業とも一体化する先進産業への転換を図るべきである。その先にこそ、新たなマーケット創造を通じた成長と進化の道を見出すことができる。

（環境新聞・2016 年 3 月～ 2017 年 3 月掲載）

Trace&Recycle

第6章
IoTで進化する
廃棄物・リサイクルビジネス

Trace & Recycle

IoTで進化する廃棄物処理・リサイクルビジネス

事業化に直結する案件創出のプラットフォームを目指す

「日本再興戦略2016」において、第4次産業革命が成長戦略の柱に位置付けられるなど、IoT、ビッグデータや人口知能等技術革新・導入への期待が高まっている。特に、同戦略で課題として掲げられた「人口減少に伴う供給制約や人手不足を克服する生産性革命」は、廃棄物処理・リサイクル業界にとっても他人事ではない。

現場作業員の属人的スキルやノウハウに依存する労働集約型産業としての廃棄物処理・リサイクルビジネス（以下、「リサイクルビジネス」）は、遠くない将来に終焉を迎える。人手不足の顕在化が避けられない中、リサイクル現場での作業を志す若者を確保しながら、従来通りの業務フローを継続することは実質的に不可能だからである。

一方、国民生活や事業活動を通じて廃棄物が国内で発生する限り、国内リサイクルビジネスへの社会的ニーズが消えることはない。製造業のように、人件費の安い海外に拠点を移転することは不可能であり、発生源に近い地域内で再資源化や適正処理を行う

という本来ミッションが変化することはあり得ないためである。

　だからこそ、業界を挙げた構造転換により、生産性革命に取り組まねばならない。その先に見据えるべき将来像には、デジタル化と機械化の徹底が不可欠である。リサイクルビジネスは、過去20年にわたるデジタル化の波にすら乗り遅れてきた。IoT に代表される革新的技術の導入促進は、時代背景と要請に正面から応えるための最重要課題の一つであり、生産性革命を達成する手段としての必然と言える。

　2016 年 8 月 30 日、有志の研究者 5 名が発起人となり、廃棄物処理・IoT 導入促進協議会（以下、「協議会」、URL：http://iot-recycle.com/）が設立された。協議会は、静脈産業への IoT 技術等先端技術導入をきっかけに、業界全体のあるべき将来像を描くこと、さらには産官学関係者が互いに連携する枠組みを整備することによる新規事業案件創出を目的として設立された。先行してベンダー主導で活動中の IoT 関連団体との最大の違いは、リサイクルビジネスというインダストリーをフィールドに、事業化に直結する案件創出のプラットフォームを目指している点にある。

　協議会の傘下には 4 つのワーキンググループ（以下、「WG」）が設置された。「低炭素化 WG」「ロジスティクス高度化 WG」「新規事業創出 WG」および「海外展開促進 WG」である。いずれもリサイクルビジネスの持続的な発展に求められる課題をテーマに据えており、IoT 導入をその原動力に据えることを目指している。

　一方、IoT 導入の意義に対しては、業界内でもいまだに懐疑的な声が多い。曰く、「儲かるビジネスモデルが分からない」「1 社で実現できないがどこと組めば良いか分からない」「提案先顧客がないまま、ソリューション中心の話ばかりになる」などである。だからこそ、リサイクルビジネスが直面している実務的な課題を

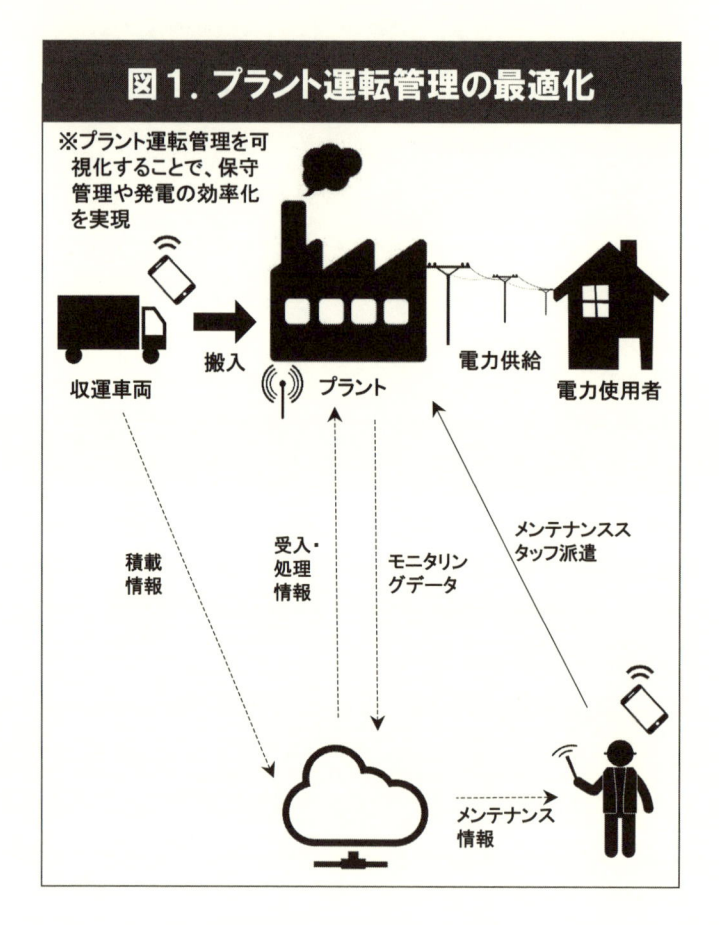

図1. プラント運転管理の最適化

※プラント運転管理を可視化することで、保守管理や発電の効率化を実現

収運車両　搬入　プラント　電力供給　電力使用者

積載情報　受入・処理情報　モニタリングデータ　メンテナンススタッフ派遣　メンテナンス情報

テーマに据えて、実証事業から社会実装までのシナリオを描きくることが、協議会におけるWGの役割となる。WGへの参加をきっかけとして、利益追求につながるビジネスモデルを具現化しつつ、業界の枠を超えたビジネスパートナーとの連携を図り、IoT導入メリットを享受する顧客の絞り込みを行うことが、全ての参加機関の目標となる。

　本稿執筆時点（16年12月22日）で、民間企業29件、自治体等8件、さらには環境省、経済産業省、全国産業廃棄物連合会が

オブザーバ参画することで、合計 40 機関からなる検討・事業化のプラットフォームが整備されるに至っている。

リサイクルビジネスではどのような IoT の導入方策が想定されるのか。協議会では、手触り感のある議論の土台となるビジネスモデルを示しつつ、WG ごとの検討を進めており、その具体例の一部をご紹介させていただく。

まず、低炭素化 WG では、既存ビジネスフローを前提とした収集運搬・中間処理分野での低炭素化に貢献する IoT 導入促進案件の創成が議論されている。具体例としては、「IoT ＋モニタリング機器」の利活用による運転管理の最適化が挙げられる（図1）。従来は工場長等の属人的なノウハウに依存してきたプラント運転管理について、IoT を活用してそのモニタリングプロセスを高度化・可視化することで、保守管理や発電効率化を実現することが期待される。

次に、ロジスティクス高度化 WG では、IoT 活用による物流時の不正防止・手間削減・データ高度利用等に資する方策の検討が行われている（図2）。具体例として、IC タグ等の活用による伝票や報告書等のデジタル管理とペーパーレス化が挙げられる。他産業では先行して普及済みの IC タグを静脈物流に適用することで、マニフェスト管理と連動したデジタル化推進と業務効率化を実現できることは自明である。すでに汎用化された技術の積極導入も立派な IoT 活用方策であり、その実現に向けたハードルは相対的に低い。

新規事業 WG では、先端テクノロジーの積極活用による、リサイクルビジネス高度化を目指している。具体例としては、破砕選別プラントの精度・歩留りの向上等が考えられる（図3）。い

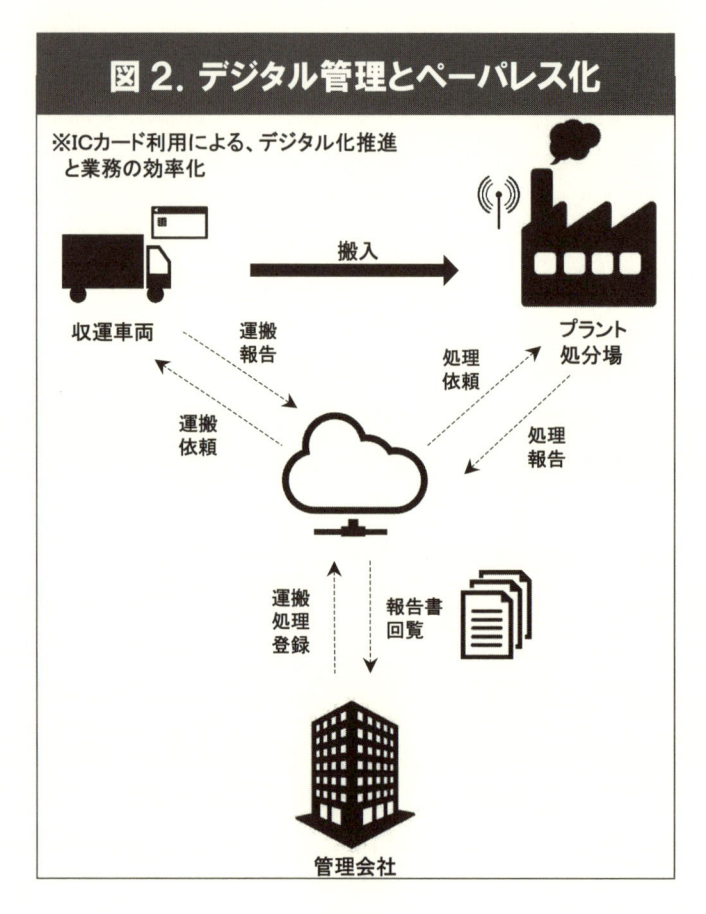

図2. デジタル管理とペーパレス化

※ICカード利用による、デジタル化推進
　と業務の効率化

搬入

収運車両　運搬報告　処理依頼　プラント処分場　処理報告

運搬依頼

運搬処理登録　報告書回覧

管理会社

わゆる都市鉱山開発を加速するための手法として、画像・映像データをAIで分析することにより、破砕・選別時の精度や歩留まり向上を図ることなどが考えられる。さらには選別プロセスにもロボット技術を導入すれば、リサイクル工場における省人化・無人化を見据えた画期的なイノベーションが実現できる。

　最後に海外展開WGでは、「質の高いインフラ輸出」と先端テクノロジーのパッケージ展開を目標に据えている。具体例として、IoTモニタリングを活用したJCM（2国間クレジット制度）に

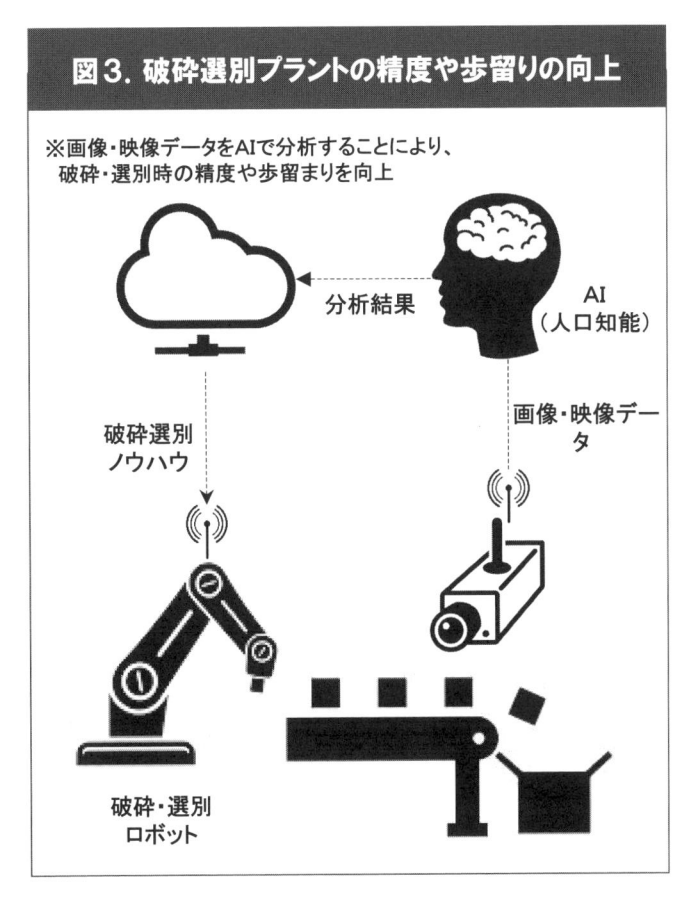

図3. 破砕選別プラントの精度や歩留りの向上

※画像・映像データをAIで分析することにより、
破砕・選別時の精度や歩留まりを向上

分析結果

AI
（人口知能）

破砕選別
ノウハウ

画像・映像デー
タ

破砕・選別
ロボット

おける MRV プロセス高度化等が考えられる（図4）。リサイク
ルビジネスの海外展開事業による JCM クレジット発行には、
Measurement ／ Reporting ／ Verification それぞれのプロセス定
型化が求められるが、その手順の明確化の承認を受けた上で、継
続的なモニタリング等を行うことが、クレジット獲得を前提とし
た設備投資補助金獲得等の条件になる。各種センサーを統合する
IoT 技術の活用により、正確で確実なモニタリング管理の基盤と
なり得る。

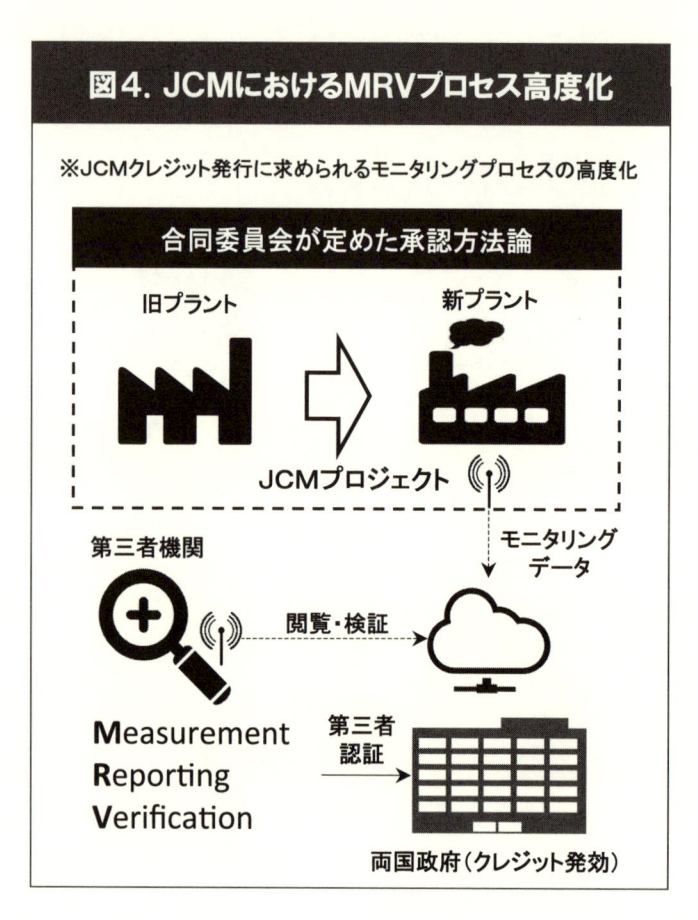

図4. JCMにおけるMRVプロセス高度化

※JCMクレジット発行に求められるモニタリングプロセスの高度化

合同委員会が定めた承認方法論

旧プラント　　　　　　　　新プラント

JCMプロジェクト

第三者機関

閲覧・検証

モニタリングデータ

Measurement
Reporting
Verification

第三者認証

両国政府（クレジット発効）

　以上はあくまで業界内でのIoT導入方策の想定事例に過ぎない。極端に言えば、先進的なデジタル化技術とセンサーの組み合わせによるリサイクルビジネス高度化手法は無限にあり、従来はマニュアル処理が当たり前だと考えられていたプロセスの改善方策検討が、そのまま新たなビジネスモデル構築に直結するのである。運営委員会が主導する各WGには、そのためのインキュベーションセンターとしての機能を期待している。

ピータードラッカーは、企業の機能をマーケティングとイノベーションに尽きると定義した。筆者なりに解釈すれば、マーケティング（顧客が現在求めている製品やサービスの提供）に専念して目先の食い扶持を稼ぐだけでは、業界内の血塗れの競争に明け暮れてしまい、企業の永続は覚束ない。だからこそ新しいアイディアや切り口でイノベーション（潜在的に価値ある製品やサービスに転換するための新しいアイディアや発明）により、次のマーケットを見つけなければならない、という意味である。正にリサイクルビジネスの現状にぴしゃりと当てはまる至言と言えるのではないか。

　今後の国内人口減少および労働力不足は不可避であり、発生抑制効果もあって廃棄物発生量は確実に減少する。これまで通りの事業活動を進めていれば、マーケットは確実に縮小することになり、事業規模と価格のみを競う消耗戦に陥ることは避けられない。こうした中、今後の成長鈍化を補うイノベーションの方向性は大きく二つに限定されており、一つは処分から再資源化への転換に伴う付加価値増幅、もう一つは個別事業者による生産性の向上である。

　単純焼却や埋め立てからリサイクルへの転換は、過去20年以上にもわたって官民挙げて推進されてきた。結果、廃棄物発生量が継続的に減少する中でもリサイクルが生み出す付加価値は増幅されている。

　一方、IoT 導入は、一義的には競争力強化の手段であり、個社が競争と淘汰の時代を勝ち抜くためのツールとなる。また、IT業界の事例を引くまでもなく、デジタル化が進んだ世界の先行者利益はこれまでの世界とは比べものにならないほどに大きい。

　現行の収集運搬量や処分量を前提に将来計画を描くにしても、

これまで通りの運営体制でビジネスモデルを前提とするのは非現実的である。イノベーション促進を通じて、就労者 1 名当たりの売上高拡大を前提とした生産性向上は持続性のある事業運営の前提条件でもある。

さらに、個社イノベーションの積み重ねを総体的に見れば、業界全体の生産性を向上する可能性を秘めている。いわゆる 3 K 職場の汚名を払拭して、就労先としての業界の魅力を高めることにもつながる。

その意味で、省人化や無人化を見据えた IoT 導入等イノベーション促進は将来を見据えた投資であり、全てのリサイクラーにとっての使命との決意を持つべきである。今こそ関係者全体の意識転換が求められており、その成否が業界全体の浮沈を左右するかもしれないのである。

どんな業界であれ、ビジネスモデルが明快で収益確保が確実な事業において、他社との協業を図る必然性は薄い。自ら投資をしてトップランナーとしての位置付けを確保することが、競争力強化の鉄則である。

しかしながら、IoT のように不確実性の高い領域で手探りの取り組みを行う際には、投資リスクを最小化する必要がある。具体的には、正確な経営判断に必要となる調査、技術開発、実証事業等に対する一定の補助金等を獲得しつつ、関係者連携によるトライ＆エラーに挑むのが現実的と言える。

協議会の役割は、そのためのプラットフォームの役割を果たすことにある。リサイクルビジネスを牽引する 39 機関がそれぞれの目的意識を明確化しつつ、業務フローの高度化・省人化・無人化に挑む。その正念場が 17 年度からであり、さらなる有志を募

りながら、情報共有と企業間連携、FS調査や実証事業へと、先駆的な活動を加速していく予定である。

　事務局を務める資源循環ネットワークは、業界の最前線でご活躍の有識者により構成される運営委員会の意向を踏まえつつ、個別会員機関の持つスキル、ノウハウ、フィールドを最大限引き出してゆく。次代の扉を切り開くビジネスモデルの社会実装を目指して、円滑な協議会運営を後押ししてゆく所存である。

（環境新聞・2017年1月掲載）

Trace & Recycle

（付録）
特別鼎談

Trace & Recycle

特別鼎談 (1)
「グローバル化」する リサイクルビジネス

〔出席者〕

慶應義塾大学経済学部教授　細田　衛士　氏

北九州市環境局理事（環境国際戦略・アジア低炭素化センター担当）　石田　謙悟　氏

資源循環ネットワーク代表理事　林　孝昌　氏

〈司会〉

環境新聞編集部　黒岩　修

　わが国廃棄物処理・リサイクル業者では、アジア諸国を中心とした海外進出を実施・検討するところが増え始めている。人口減少、少子高齢化で国内廃棄物市場の減少が予想される中、大手のみならず中堅・中小の処理・リサイクル業者も海外進出を模索する。しかし、そのハードルは決して低くない。アジア諸国と活発なビジネス交流を進める北九州の地で、リサイクルや環境ビジネスに詳しい慶應大学教授の細田衛士氏、北九州市環境国際戦略担当理事の石田謙悟氏、環境新聞でリサイクルビジネスをテーマにしたコラムを長期連載中の資源循環ネットワーク代表理事の林孝昌氏に、「グローバル化」するリサイクルビジネスの今後について語り合ってもらった。

——アジア諸国における廃棄物処理の現状と北九州市の取り組みは。

石田 北九州市は 2008 年 7 月に環境モデル都市に選ばれ、市内はもとよりアジア地域全体で CO_2 削減を目指すこととし、その拠点として 10 年 6 月に「アジア低炭素化センター」を開設した。従来から行ってきた国際協力や環境ビジネスに一段と注力していくということで、アジアの低炭素化、環境改善を実現すると同時に市内企業など地域の活性化を図るという視点で事業に取り組んでいる。開設して 5 年になるが、85 社と連携し、国から約 40 億円の資金支援を受け現在 93 のプロジェクトが進行しており、そのうち 22 件が廃棄物・リサイクル関連の案件となっている。連携先は 13 カ国 49 都市にまで拡大している。

具体的な事例としては、まずインドで廃棄された電気電子機器がなかなか適正に処理されないという状況だったことから、地元の日本磁力選鉱がわが国で初めてバーゼル条約に基づく輸入手続きを行い、北九州エコタウン内にある自社の工場でリサイクル処理する事業を実施した。その後、ベトナム、フィリピンとも電気電子機器廃棄物のリサイクル事業を実施している。また、やはり地元で事業系一般廃棄物や産業廃棄物を扱う西原商事がインドネシアスラバヤ市でリサイクル型中間処理や堆肥化施設のパイロット事業などを展開している。

工業団地のエコ化や周辺コミュニティとの調和に関する取り組みが進められるタイのラヨン県では、産業廃棄物や都市ごみの処理に関するワークショップ等を開催している。タイではごみからエネルギーを取り出すのが大きなテーマとなっていて、ラヨン県でも焼却施設での発電を行う取り組みが進められている。現地のＧＰＳＣという会社が請け負うことになっているが、エネルギー

専門の会社で廃棄物の経験がないので、新日鉄住金エンジニアリングが技術支援などを行っている。

——アジアでのリサイクルビジネスについてどう見るか。

林 日本のように焼却したのちに最終処分するという国の方が例外的であって、アジア諸国に日本の技術、手法をそのまま導入しようとしてもなかなかうまくいかない。中間処理やその施設整備に資金を投入すること自体が困難な上、最終処分に支払うティッピングフィーがきわめて安価であり、焼却などでごみの安定化・減容化を図ることに対するインセンティブも働かない。まずは中間処理にお金を払う意識がある国にリサイクルを提案するのではなくて、安価に直埋めしているところに単純焼却＋aのリサイクルを導入することのハードルの高さを意識しなければ、日系企業の海外展開は難しい。いわゆる「リープフロッグ」は口で言う程簡単ではない。

細田 アジアの現状を見ると、静脈のインフラがしっかりしないまま経済発展が進んでしまっているのが大きな問題となっている。例えばインドでは急速に自動車の数が伸びており、ここ10年程のうちに廃車も相当数出てくることが見込まれているが、ほとんど健全なリサイクル施設が存在していない。

また、もう一つ事態を深刻にしている問題は、日本では廃棄物、「バッズ」だと思われているものが、途上国では人手がたくさんあるので手解体で環境負荷をあまり考慮せずにリサイクルするための「グッズ」として大量に流れ、それが健全に処理・リサイクルされ

細田氏

ていないということだ。北九州市の取り組みのような事例が多く成功してくればそれが受け皿となるだろうが、まだまだ十分ではないのでこれからアジアで大きな問題が出てくる可能性がある。

　私がアジア諸国を回って感じていることは、経済が発展すれば当然環境にも目を向けるようになり静脈インフラの整備を進め始めていて、状況は少しずつ改善しているが、その技術を使いこなすためのソフト面がまだ追いついていないということだ。法規制、すなわち「ハードロー」の部分は中国などでも整備されてきたが、それを支える市民意識、企業の社会的責任、共有価値の創造といった「ソフトロー」の部分が日本に比べて圧倒的に少ない。北九州市の取り組みも、ソフトの部分と絡めて進展させていくと、アジアのリサイクルビジネスに大きく貢献することになるだろう。

　——アジア諸国との環境意識の違いで苦労する点などは。

　石田　日本企業がアジア展開する際には「焼却ありき」という考えのもとに進めがちだ。しかし、スラバヤ市でも91年にバッチ式の焼却炉を導入した経験があるが、ごみの水分が多いことなどでうまく燃やせず、周辺住民の反対もあり結局ほとんど使われないまま廃炉になってしまった。「焼却ありき」ではなく、現在西原商事が行っているようにまずは分別を徹底してごみを減らし、リサイクルに回すというに取り組むべきだ。分別をきちんと行うように住民意識を高めていくことや、社会制度を整備したのちに焼却などの設備を入れるといった手順を踏まなければなかなかうまくいかないだろう。

　林　そこが北九州市と民間企業がパッケージで進出する意義ではないだろうか。ご紹介のあった案件はあくまでビジネスとして進められているが、北九州市は環境国際協力の面でも実績を積み重ねてきた。だからこそスムーズにビジネスにも入って行けたと

言えるだろう。現地のキャパシティビルディングとビジネスを
セットで進めるのは、民間だけでできることではない。そこに自
治体の海外展開、アジア低炭素化センターの存在意義がある。

　細田　昨年度経済産業省で日本の静脈技術を海外展開するため
のロードマップ作りなどを目的とした検討会が行われたが、すべ
ての委員の一致した意見は、要素技術、プラントだけ持って行っ
てもだめで、そこに住む人々の考え、ニーズを踏まえた上でシス
テムを考えて行かなければせっかく良い技術があってもうまく機
能しないということだった。

　林　展開先での問題として感じることは、アジア諸国の地方政
府関係者には「民間企業にリサイクル事業をやらせれば、収集運
搬や最終処分に支払っている廃棄物処理コストを現状よりも減ら
せるはず」という思い込みがあるということだ。中間処理や高度
な管理型処分施設の導入など、環境保全のコストが十分に負担さ
れていないからこそ、現状の安価な費用でごみ処理が賄えている
という現地側の認識が出発点になると思う。

　細田　経済的に豊かになってくると、どこかの時点でごみ処理
をするために費用をかけるべきだという意識が生まれてくる。そ
のタイミングでその社会の実情にあった技術、システムを提供で
きるかというのは大きな問題だ。また、日本も経験してきたこと
だが、静脈はどちらかというとインフォーマルが支配してきた世
界で、「安かろう悪かろう」とういう処理がはびこっている。そ
れが転換点で技術、システムが導入されたときに、インフォーマ
ルな人たちがフォーマル化されるような形で法整備が進まないと
健全な処理は実現できないだろう。インフォーマルのフォーマル
化をいかに進めるかも重要な課題だ。

　——海外の自治体の現状は。

石田　例えばタイではごみにかかわる行政担当者が非常に少なく、日本に比べマンパワーが不足しているという現状がある。あまり廃棄物処理にコストをかけておらず、そうしたところから民間をいかに活用するかということを各途上国で考え始めている。行政の

石田氏

コストをできるだけ抑えて民間を活用するというのは決して悪いことではないが、その場合ティッピングフィーなどが問題となる。まだそうしたものが整備されていない国も多いが、ベトナムなどではティッピングフィーのガイドラインも作成されている。ある程度民間のインセンティブが働くような仕組みを作らなければうまくいかないだろう。

　また、排出段階で減量化するのが重要であるということは次第に認識されてきているが、分別して収集するにはコストがかかるので、市民が分別したものを結局一緒にして収集してしまっているというようなケースもある。住民の意識を高めると同時に、行政側もそれに応じた収集システムを構築する必要があるが、それがまだ十分整備されていないのが実態だ。

　――海外展開を進める上での課題は。

細田　日本国内の静脈ビジネスもガラパゴス化し始めているが、そのままの発想で品質も良いし海外でも売れるだろうという考えでは受け入れられない。しかし、成功例がないわけではない。私が知っている大手企業もインドネシア、タイ、シンガポールなどに拠点を置いて着実に黒字を出している。いろいろな成功例があるので、それらをもっともっと洗練させて海外展開を図って行

くことが必要だろう。

——廃棄物処理・リサイクル業には中堅中小企業が多いが。

細田　中堅・中小企業は、これまでの動脈・静脈産業の海外進出の成功例・失敗例についてあまり十分学ばずに出て行っているケースが多いように見受けられる。海外進出するのであれば、最低限そうした情報は共有し、相当の覚悟で出ていくべきだろう。それでも中堅・中小企業にとっては１つ失敗すると影響が大きいので、複数企業でコンソーシアムを組んでリスクを分散させ戦略的に取り組むべきだ。また、海外事業を展開し、黒字化するまでにはかなり時間がかかる。ある程度体力が必要になってくる。そこを十分考えて進出するか否かを判断すべきだ。

石田　国内で廃棄物処理を行っているアミタは、マレーシアで廃棄物をセメント原料にリサイクルする取り組みに挑戦している。マレーシアでは廃棄物はセメント工場には持ち込まれておらず、法律を変えるなど実現には非常に時間がかかるが、将来のビジネスチャンスとしてネゴシエーションなどを続けている。長期戦覚悟でまったくリサイクルが行われていない部分に取り組んでいくというのも、１つのやり方として考えられる。こうしたことは企業だけではできないので、われわれが支援して官民連携で取り組んでいる。

林　少子高齢化、人口減少の中で日本国内の廃棄物処理・リサイクルのマーケットが縮小していくことは間違いないため、グローバル化は必然的な流れになってくる。その担い手となる大手廃棄物処理・リサイクル会社や商社が少しずつ実績を積み始めている。中堅・中小の場合、行政のサポートが不可欠とはなるが、物流や前処理といった分野なら中堅企業単独でも対応できる。ただ、焼却発電等となると大手プラントメーカーなどの力が必ず必

要になる。業態ごとに傾向がある
はずだが、その部分は国でもまだ
整理しきれていないように感じて
いる。わが国で最も実績のある北
九州市が、これまでの実績を整理
して傾向を示してもらえれば、他
都市にとっても非常に参考にな
り、海外展開もより活性化して拡
大するのではないだろうか。

林氏

細田 アメリカにも中堅・中小規模の企業は多くあるが、ヴェ
オリア、ウエスト・マネジメントのような大手と互角に対抗でき
るノウハウや知恵を持っている。日本の中堅・中小企業ももっと
脱皮して付加価値能力を高めていく必要があると思っている。そ
のためには、ＩＴ化を進めることや、認証という考え方が重要に
なってくる。本当に優れた製品であるか、どれだけ再生品を使っ
ているかということを第三者に認証してもらうことで付加価値が
高まる。そうしたことに取り組んでいくのにも、コンソーシアム
を組んだり、Ｍ＆Ａを行うなどある程度体力をつけて行かなけれ
ばならないだろう。

石田 北九州市にある九州メタル産業では、徹底的に非鉄を回
収して、シュレッダーダストをセメントの原燃料としている。こ
うした企業は高いノウハウを持っている。そうした企業をさらに
育てていくことも必要で、われわれ行政の役割だと思っている。

——今後のリサイクルビジネス「グローバル化」の展望は。

石田 われわれ低炭素化センターについて言えば、かなり足が
かりができてきたところだ。日本磁力選鉱や西原商事など事業が
具体的に進み始めたが、まだまだ課題は残っているので、成功す

るまでぴったりと寄り添ってしっかりと支援し、成功事例をさらに横展開して広げていきたい。

　林　わが国の産廃・スクラップ処理業界にとってのフロンティアは、小型家電リサイクルなどの「一般廃棄物処理」と「海外展開」にあると考えている。将来的に静脈ビジネスのグローバル化が当たり前になれば、例えばスマホの製造国を問うのがナンセンスになっているのと同様、わが国リサイクラーにとってのビジネスチャンスが拡大するはずだ。その時が来るまで、息の長い準備と環境整備を今から進めて行く必要がある。

　細田　廃棄物処理・リサイクルはものが集まらなければビジネスにはならない。ものをどうやって集めるかのノウハウが重要だ。そのノウハウや知恵を得るのは単体では無理で、ものを確保するためのネットワークにどのように入り込んでいくのか、どのようなパートナーと組むかがカギになってくる。それができて初めて付加価値が問われてくる。また、日本独自の静脈物流管理を徹底的に追及することで、追跡可能性・透明性・説明責任を担保したアジア規模での広域システム構築を目指していくことに期待したい。

　　　（環境新聞・2015 年 7 月掲載、肩書きは当時のもの）

Trace & Recycle

特別鼎談 (2)
リサイクルビジネスが切り開く
グリーン・イノベーション
〜川崎市の先進事例〜

〔出席者〕

川崎市経済労働局長　伊藤　和良　氏

昭和電工川崎事業所企画グループ長　日高　斉　氏

資源循環ネットワーク代表理事　林　孝昌　氏

〈司会〉

環境新聞編集部　黒岩　修

　川崎市は1997年にわが国第1号のエコタウン承認を得て、リサイクル事業などで先進的な取り組みを進めている。2014年には「川崎市グリーン・イノベーション推進方針」を策定し、「環境技術・産業を生かしたサステナブル・シティの創造」を目指してさまざまな施策を展開している。今月18、19日に同市とどろきアリーナで開催される「川崎国際環境技術展」では、こうした川崎エコタウンで実際に事業展開する企業の最新の技術などが紹介される。同市経済労働局長の伊藤和良氏、川崎エコタウンで使用済みプラスチック由来の水素製造に取り組む昭和電工川崎事業所企画グループ長の日高斉氏、そして環境新聞に「リサイクルビジネス進化論」を連載中の資源循環ネットワーク代表理事の林孝昌氏に、「リサイクルビジネスが切り開くグリーン・イノベーション」をテーマに語り合ってもらった。

——川崎内のリサイクル事業の現状は。

伊藤 川崎市は公害問題で苦しんできた歴史があるが、現在は、環境先進都市といわれるまでになっている。その代表的な取り組みの一つがリサイクル事業である。川崎市は1997年、川崎臨海部全体約2800 ha を対象エリアとして、北九州市等とともに国から第1号のエコタウン地域の承認を受けた。川崎エコタウン構想では先導的モデル施設として「川崎ゼロエミッション工業団地」の整備に着手。難再生古紙からトイレットペーパーを再生するゼロエミッション製紙工場であるコアレックス三栄などを誘致した。現在は本日お越しいただいている昭和電工の使用済みプラスチックからアンモニア製造用合成ガスを製造する施設をはじめ、使用済みペットボトルからバージン原料と同品質のペット樹脂を製造するペットリファインテクノロジー、使用済みプラスチックを原料に高炉の還元剤やコンクリート打設用型枠のボードなどを製造するＪＦＥプラリソース、家電をリサイクルするＪＦＥアーバンリサイクルなどが立地している。

バブル崩壊後、それまでの重厚長大産業が今後どう生き残っていくかということは国としても大きなテーマとなり、その新しい事業展開の1つがリサイクルであった。川崎エコタウンは住宅街に隣接する既存の工業地帯にリサイクルプラントを誘致したのが特徴で、90年代の産業構造の転換の象徴的な存在ともなっている。エコタウン地域のリサイクル企業は、従来の適正処理・リサイクルという役割にとどまらず、そのポテンシャルを生かして高度なリサ

伊藤氏

イクルの実現や低炭素化の促進などにも取り組んでいる。昭和電工とは昨年7月に協定を締結し、これまでのリサイクル施設を活用して使用済みプラスチック由来の水素の活用に関する実証を行い、低炭素水素社会の実現を目指していくこととなった。多くの企業が集積している京浜工業地帯の特徴を生かしながら、水素事業を展開していきたいと考えている。

　——昭和電工の川崎エコタウンでのこれまでの取り組みや新たな事業展開は。

　日高　当社は、アンモニアの製造は1931年に開始して今年で85年になるが、自治体が収集・選別した容器包装リサイクル法による使用済みプラスチックから水素を取り出し、アンモニア原料とする事業は2003年から開始した。これは川崎エコタウン事業の一環として、国の支援も得て始めており、資源循環、低炭素の点で地球環境保全に貢献している。水素製造はこのアンモニア原料用に使用済みプラスチックと都市ガスから製造するものと、ソーダ電解から発生する副生水素の2つの方法で取り組んでいる。ソーダ電解から発生する副生水素は外販しており、川崎臨海部のコンビナート各社にパイプラインを通じて工業用途、原料用途などとして供給している。これはコンビナートが存在する川崎ならではの事業だ。

　14年に経済産業省から「水素・燃料電池ロードマップ」が公表され、昨年にはトヨタ自動車からＦＣＶミライが発売され、東京オリンピックなど水素社会に向けた取り組みが盛り上がってきている。こうした中、当社の使用済みプラスチック由来の水素は低炭素・資源循環という面で国のコンセプトとも合っているので、アンモニア製造以外にも利用できる可能性を模索し始めた。そして、今回環境省の15年度「地域連携・低炭素水素技術実証事業」

として、当社の使用済みプラスチック由来の水素を川崎臨海部の需要者へパイプライン輸送し、純水素型燃料電池を活用しエネルギー利用する技術実証を行うこととなった。現在設備を整備しているところで、17年度から実証を開始する計画だ。

——低炭素をキーワードとした国内のリサイクルビジネスの動向は。

林 エコタウンでは北九州市と川崎市がよく比較されるが、大きな違いは、北九州市は響灘という土地で計画的にリサイクル施設を集約したのに対し、川崎市は既存の工業団地の中で副産物のリサイクル、廃棄物のみならず熱・エネルギーなどの有効利用も進めているという点だ。既存コンビナートを活用する川崎市での水素事業は、極めて地に足の着いた取り組みだと見ている。

今や低炭素化は国是であり、国内外のリサイクルビジネスにとって有力な差別化要素となっている。その中で見直されてきているのが燃料利用であり、水素事業もその流れに位置付けられる。廃プラスチックから水素を製造し燃料利用する昭和電工と川崎市の取り組みは、他都市では実現できない事例である。実証が成功すれば、この技術を海外で展開していける可能性もあり、グリーン・イノベーションの海外展開にもつながっていく。温室効果ガス削減量のMRV（測定、報告、検証）を前提としたJCMはアジア諸国等へのインフラ輸出を促進するための戦略にも位置付けられており、わが国リサイクルビジネスが海外展開を進めるチャンスにもなり得る。日本でも環境省がリサイクルの低炭素化効果を把握するための手法を整備する動きも出ている。

ただ、国内で使用済みプラスチックからの水素製造が実現したのは、容器包装リサイクル法が施行され、行政の分別収集により集められる使用済みプラスチックの品質が向上し、ガス化に耐え

得る燃料製造の条件が整ったためである。グリーン・イノベーションには制度と技術のパッケージが不可欠なので、海外展開の際にはこうした点も課題となるだろう。

　——リサイクルビジネスと低炭素化について企業としてどうとらえるか。

日高　使用済みプラスチックからの水素製造は、当社が取り組むリサイクルビジネスに位置付けられるが、将来の水素社会の到来は大きなビジネスチャンスであり、当社にとって武器になると考えている。当社独自の「プラスチック製容器包装リサイクルによるアンモニア製造プロセス」は、製造プロセスとしては世界で初めてエコマーク認定を受けた。われわれが取り組んでいることが資源循環、低炭素ということで環境保全に貢献していると認められたと捉えている。こうした技術を生かしながらさらなる社会貢献を目指し、チャンスがあれば他地域や海外でも展開していきたいと考えている。

日高氏

　——川崎市はグリーン・イノベーションを推進しているが。

伊藤　当市ではウェルフェア、ライフサイエンス、グリーンの３つのイノベーションを推進している。グリーン・イノベーションについては、エコタウンをはじめとした環境産業の施策をさらに一歩進めるため、14年5月に「川崎市グリーン・イノベーション推進方針」を策定して取り組みを進めている。その内容は、「環境技術・産業を生かしたサステナブル・シティの創造」に向けて①環境技術・環境産業の振興②優れた技術を生かす環境配慮の仕

組みづくり③多様な主体の協働による環境技術を活かしたまちづくり④環境技術を生かした国際貢献の推進——の４つを柱に川崎発のグリーン・イノベーションの取り組みを進めるというものだ。

15年度から川崎のグリーン・イノベーションを進めていくための体制として「かわさきグリーンイノベーションクラスター」を設立し、昨年７月にキックオフのフォーラムを開催した。現在約40の企業・団体に会員として加入頂き、取り組みを進めている。当市では「川崎国際環境技術展」を09年から毎年２月に開催し、最先端の環境技術を有する企業が集積した都市であることを示してきた。国際環境技術展は年１回だが、年間を通じて情報提供や新規事業の創出支援をするためのプラットフォームとしてクラスターを設立した。また、企業の環境技術と行政の知見・ノウハウをパッケージ化して、国内外に広く普及し環境改善に貢献するとともに、クラスター会員を中心とした環境関連企業のビジネス展開を支援していく考えだ。

——リサイクルビジネスとグリーン・イノベーションの関係は。

林 川崎市が目指すグリーン・イノベーションの実現には、技術的イノベーションとビジネスモデルのイノベーションの双方が求められているのではないだろうか。技術的イノベーションとはリサイクル製品の品質向上やエネルギー回収、利用用途拡大等に資する先端テクノロジーの進化のことである。一方、ビジネスモデルのイノベーションとは、制度やテクノロジーの変化を背景に資源循環のシステム全体を改善することで、従来は採算ベースで成立し得なかった事業を実現することである。

国が今後のキーワードとして掲げているものに「動静脈連携」がある。リサイクルビジネスは原燃料製造業の側面を持つため、セットメーカーや素材製造など動脈ビジネスとの連携が進んでこ

そイノベーションを実現できる。REやCEなど、先進的・理念的なスキームを生み出すのが得意な欧州諸国でも、動脈ビジネスはお金を払っているだけで主体的に資源循環の輪を生み出す意識が薄い。昭和電工のように動脈企業が資源循環に積極的に取り組んでい

林氏

る日本にとって、動静脈連携は他国にない強みとなり得るだろう。それを支援していくのが行政の役目で、川崎市ならではの動静脈連携によるグリーン・イノベーションに今後も期待したい。

　——グリーン・イノベーションに向けた具体的な取り組みや動静脈連携については。

　伊藤　リサイクルビジネスを契機としたグリーン・イノベーションの取り組みとしては、14、15年度に環境省のエコタウンの補助事業の採択を受けて、ＪＦＥ環境やリコーなどと連携を図りながら「川崎エコタウンにおける廃プラスチックの油化ビジネスに係るＦＳ調査」を実施しており、複合プラスチック製品全般へのリサイクル技術の適用が期待されるプラスチック油化ビジネスについて、技術的な実証とともに事業採算性確保が可能な事業モデルを川崎エコタウン地域内で検討している。同事業は当市のグリーン・イノベーションのリーディングプロジェクトにも位置付けて取り組みを進めている。また、海外案件ではクレハ環境がマレーシアのペナン州において、「バイオマス発電技術によるＪＣＭ実現可能性調査」をＮＥＤＯの事業の枠組みを活用して行うこととなり、当市の進めている都市間連携の枠組みとも連携しながら進めてきている。

エコタウンのイメージはまさに動脈と静脈が連携して資源循環や低炭素に取り組むというもので、京浜工業地帯ではすでにそうした動きが実際に進んでいる。これもさまざまな企業が集積している川崎エコタウンの特徴だ。今後も川崎ならではの動静脈連携を進めることでイノベーションを実現させていきたい。

——自治体との関係やグリーン・イノベーションについてどう考えるか。

日高 使用済みプラスチックからのアンモニア製造も容器包装リサイクル法に基づいて自治体が分別収集を行い、分別基準に適合した質の良い使用済みプラスチックが安定的に確保されることで初めて実現可能な事業だ。企業側にとっても、行政が示す政策的方向性と足並みをそろえて新規ビジネスにチャレンジすることがイノベーションや新たな市場の創出に向けた原動力となる。われわれは企業としてこれからも技術のさらなるブラッシュアップなどに取り組んでいくが、やはり行政の支援や指導、市民の理解が不可欠だ。

例えば新興国でも政策や行政支援を受けられる体制が整うのであれば、国策としてのインフラ輸出を担う事業展開を具体化できる可能性がある。特に海外においては、政策的支援と環境技術のパッケージ輸出が重要であり、そうした観点から行政と企業の連携強化が求められるだろう。当社としても国や川崎市との連携を一段と強化しながら、事業展開を図って行きたい。

——今後のグリーン・イノベーションの展望は。

伊藤 川崎エコタウンは全国のエコタウンの中でも最高水準のリサイクルが行われており、国際的にも資源循環のショーケースの役割を果たしている。従来「環境産業の振興」と「資源循環型経済社会の構築」を目的として推進されてきた川崎エコタウンの

政策を、企業のリサイクル技術と行政のノウハウをセットにして国内のみならず、海外にも展開することなどにより、川崎発のグリーン・イノベーションの取り組みとしてさらに前進させていく計画だ。

今月18、19日には今年で8回目となる川崎国際環境技術展が開催される。この展示会では川崎エコタウンでリサイクル事業を行っている企業も多数出展し、世界をリードする最新の環境技術が会場に集結する。ぜひ会場にお越しいただき、川崎のポテンシャルの高さを感じてもらいながら、出展企業等とのビジネスマッチングを進めてほしい。

——リサイクルビジネスの今後について。

林 これからのリサイクルビジネスのキーワードは「大規模化」、「グローバル化」、「低炭素化」であり、この3つはそのままグリーン・イノベーション推進に向けたキーワードとなる。グリーン・イノベーションの担い手には一定の企業体力が必要で、国内リサイクルビジネスは淘汰・集約による大規模化が進む。また、国内市場の縮小が不可避である以上、成長のためのグローバル化は必須だ。その上で低炭素化という切り口をPRすることができれば、JCMなどの政策とも積極的に足並みをそろえつつ、国内外市場での展開が加速していくはずである。

（環境新聞・2016年2月掲載、肩書きは当時のもの）

Trace & Recycle

特別鼎談（3）

IoTイノベーションによる
廃棄物処理・リサイクル分野の
課題解決に向けて
もう一段上の循環型社会実現へIoTを起爆剤に

〔出席者〕

環境省循環型社会推進室対策官　小岩　真之　氏

国立環境研究所社会環境システム研究センター環境社会イノベーション
研究室室長（廃棄物処理・リサイクル IoT 導入促進協議会会長）　藤井　実　氏

資源循環ネットワーク代表理事　林　孝昌　氏

〈司会〉

環境新聞編集部　黒岩　修

　少子高齢化・人口減少で人材不足が深刻化してくる中で、廃棄物処理・リサイクル業界でも IoT（モノのインターネット）や AI（人工知能）などに注目が集まり始めている。しかし、その活用については依然手探り状態だ。そうした状況下で、産官学が参加して廃棄物・リサイクル分野で IoT 導入促進を目指すことを目的とした「廃棄物処理・リサイクル IoT 導入促進協議会」が発足した。同協議会は今後廃棄物処理・リサイクル分野で IoT イノベーションを起こすけん引役となることが期待される。環境省循環型社会推進室対策官の小岩真之氏、同協議会の会長を務める国立環境研究所環境社会イノベーション研究室室長の藤井実氏、資源循環ネットワーク代表理事の林孝昌氏に、同分野における IoT イノベーションの可能性などについて語り合ってもらった。

——廃棄物処理・リサイクルの現状についてどう考えるか。

藤井 最近 SDGs（持続可能な開発目標）が世界的に注目を集めている。持続可能な社会にしていくという観点で、特に 17 の目標のうちの「持続可能な消費と生産のパターンを確保する」ということについては、廃棄物・リサイクル分野が大きくかかわってくるだろう。日本のリサイクルは進んでいると言われてはいるが、本当に持続可能かというとまだまだほど遠い状況だと思う。そこに IoT 等を活用してこれまで捨てられているものや、処分はされているがエネルギーやマテリアルが十分回収されていない部分を改善していくことによって、より持続可能なものに近づいていくことができるのではないかと考えている。

国内をみると、少子高齢化の進展で働き手不足が深刻化してくる中で廃棄物処理はきちんと続けていかなければならない上、SDGs などに応えてくためにはより一層資源消費削減効果の高い廃棄物処理・リサイクルが求められてくる。この課題を解決していくためには適切に IoT 等を使って、人ではなくてもできる部分については機械に置き換えていくということが大事になってくる。

小岩 資源循環の分野では昨年富山県で G 7 環境大臣会合が開かれ、資源効率性や 3 R に関する議論が行われた。そこでは発生抑制や循環資源の適正管理など廃棄段階での取り組みだけでなく、ライフサイクル全体において資源効率性を向上させることが重要というコンセンサスのもと、「富山物質循環フレームワーク」がとり

小岩氏

まとめられた。また、廃棄物・リサイクル分野だけでなく低炭素や生物多様性などの他の分野とどのように統合的な取り組みを進め、海外にも貢献していけるかということが課題となっている。

　国内をみるとやはり少子高齢化で働く人が減っており、自治体でも予算が限られ人手が不足するなどで地域の格差が広がってきている。どのように地方を活性化していくかということを、廃棄物の分野でも考えていかなければならない。また、地震や台風など災害が増えているので、こうしたことへの対応も強化していく必要がある。

林　廃棄物処理・リサイクル業界内部では手触り感のある変化が確実に起こりつつある。その最も顕著な例がドライバーをはじめとする労働力不足である。従来は労働集約型産業として、地域単位で安定的に雇用を生み出すことが廃棄物処理業の役割の1つであった。しかし、全国的に完全雇用に近い状況にある今、雇用は「量」よりも「質」、すなわち労働環境の改善や個人が生み出す価値の大きさにその力点をシフトすべきであると認識している。

　——そうした中、廃棄物処理・リサイクル IoT 導入促進協議会が昨年立ち上がったが、この狙いや活動概要は。

藤井　廃棄物処理・リサイクル分野でも IoT の可能性ということは感じているが、それが具体的に役立つかということはまだまだ手探りの状態だと思う。そういう意味で有識者、企業、自治体などの関係者がまずは集まってどのようなことができるか、意見交換する場が必要だと感じたのが今回の協議会立ち上げのきっかけだった。ただし、単に意見交換にとどまらず、それがきちんと身を結んでいろいろな事業等につながるような組織を目指している。

廃棄物処理・リサイクル分野における IoT・AI 等イノベーション導入の可能性とその具体策を検討していくが、検討に当たっては当面「低炭素化」「ロジスティクス高度化」「新規事業創出」「海外事業促進」の４つを柱に掲げ、それぞれワーキンググループを設置して推進していく。低炭素化については、廃棄物分野から出ている温室効果ガスというのは全体でみればそれほど大きくはないが、努力することでまだ減らす余地があることに加え、廃棄物を燃料化することで安定的なエネルギーを確保できるので、他の安定しない再生可能エネルギーをカバーすることも可能になる。例えば、電力の需要と供給のバランスなど、IoT 等を活用して全体を監視しながら最適なオペレーションを行うことが、低炭素化を促進することにつながっていくと考えている。

　ロジスティクス高度化は、人手が足りない中でもドライバーの待機時間などがあるのが実状で、情報を共有して必要なところに配車できるようになれば、人も効率的に働くことができ、待機車もなくなってくる。そうした効率化が図られることで輸送の単価も下がり、遠方まで運べずリサイクルできなかったものもできるようになり、リサイクルのさらなる高度化にもつながる。

　新規事業の創出についてはこれから会員の皆さんと考えていくことになるが、データが蓄積され人の動きやものの動きなどが見えてくるとさまざまな改善点が見つかり、それが新たなビジネスにつながってくるのではないかと思っている。海外事業促進については、日本の技術だけを海外に持っていっても現地の人がオペレーションできるとは限らないので、IoT の仕組みを使って遠隔での監視などを行うことで正しいオペレーション等の実現につながるのではないかと考えている。

　——協議会の活動に対する見方や環境省の取り組みは。

小岩 環境省も同協議会にはオブザーバーとして参加させてい
ただいているが、会合では活発な議論が展開されている。自治体、
廃棄物処理業、IT 企業、製造業等さまざまな立場の方が参加し、
アイデアを出し合うというということで非常に興味深く思ってい
る。4つのワーキングが設けられているが、いずれのテーマも環
境省が取り組むべき課題と合致していると思う。低炭素化につい
ては廃棄物分野でどれだけ温室効果ガスを削減していくかという
こともあるが、廃棄物をエネルギー源としてどう活用していくか
ということも課題となっている。廃棄物をエネルギー化すること
で安定した出力を確保できるメリットがある一方で、エネルギー
化するために廃棄物を作り出しているわけではないので、廃棄物
の量や発生するタイミングをうまく IT などを活用してマッチン
グさせていくことが必要になってくるだろう。

　ロジスティクスについては、少子高齢化が進む中で自治体もい
かに効率的に収集運搬を行っていくかということが課題となって
きている。集積場まで運べない高齢者向けの個別回収など、より
きめ細かい収集運搬を行っていく必要が出てきている。また、環
境省では不適正処理事案の反省を踏まえ、適正に運搬され処理さ
れているかを確認するトレーサビリティの強化も必要と考えてお
り、こうした面でも IT は有効だろう。

　海外事業についてはここ数年循環産業の国際展開に積極的に取
り組んでおり、すでにプラントの輸出などいくつかの案件が実現
しつつあるが、IT を活用することでもう一歩日本の強みをより
アピールできるようになると考えている。新規事業創出について
はどのようなものが出てくるのか楽しみにしているところだ。製
造業の方なども参加しているので、少し上流側に広げて静脈と動
脈をつなげるようなアイデアが出てくると良いと思っている。

循環基本法が成立して以来わが国ではリデュース・リユース・リサイクルの３R推進に取り組んできた。リサイクルについては個別リサイクル法などもありかなり進んできたが、リデュース・リユースの２R についてはまだ不十分な面がある。この部分でうまく IT を使うとブレイクスルーがあるのではないかと期待している。

　──協議会の４つの柱についてどう考えるか。

　林　廃棄物・リサイクル業界が抱える課題が社会経済動向の変化などを受けて拡大しつつある中、その解決には従来の発想を超えた技術やビジネスモデルの導入が求められる。また、単純な価格競争に陥らないためには、社会的に求められる付加価値を生み出す主体となる企業が適切に評価される仕組みづくりが不可欠となる。協議会が取り組む４分野は、これからの業界における新たな競争軸になっていくのではないだろうか。IT、IoT を使うことによって業界内の変化のスピードは圧倒的に早くなるため、新しいモデルを生み出して自らの基盤を固める業者がこれから増加するのではないかと思っている。「巧みの技からの脱却」を図り、機械を使ってできる業務については人から機械に移行させていくことを考えるべきである。時代の変化のスピードに対応するためには、今から取り組んでいかなければ間に合わない。

林氏

　──IoT を活用することでどのような効果が期待できるか。

　藤井　IoT 等導入促進の効果については、「守りの IoT」と「攻めの IoT」の２つに分けて考えるべきだ。守りの IoT はこれまで

藤井氏

取り組んできたことについて、少ない人手で行う、きちんと情報管理して行うということにIoTを活用するということだ。攻めのIoTとは、これまでできていなかったことをIoTを活用することで可能にし、業界の守備範囲を広げていこうということだ。コンピューターの得意とするところは、まずはたくさんあるものを最適化することだ。保有する車両の台数をみて最適な配車を行うということなどができる。また、一つひとつのケースに合わせた対応を人手で行っていると人件費もかかり大変だが、現場の状況をコンピューターで把握した上で最適な対応を行えば、低コストで済む。分かりやすい例で言えばセンサー等で管理し、ごみが溜まって回収が必要なときだけ回収にいくというようにすれば、余分なコストをかけることなく効率的な回収ができるようになる。

　林　攻めのIoTの実現は、廃棄物処理・リサイクル業界のみならず第4次産業革命に挑むわが国全体にとっての課題となっている。適正処理とリサイクル促進という従来の価値観のみにとらわれているうちは、新たな付加価値を生み出すことはできない。だからこそ、私はオープンイノベーションが必要だと考えている。処理業者だけでなく製造業やIT企業、コンサルティング会社など多様な主体が自らにとってのメリットを念頭に置きつつ意見交換を行い、事業化に向けたフォーメーションを検討できることが協議会活動の強みになってくるとみている。

　——今後の処理業界の振興や循環型社会推進に向けた取り組みは。

小岩　環境省では昨年度有識者による「産業廃棄物処理業の振興方策に関する検討会」を設置し、その議論の成果を取りまとめた提言を公表したところだ。今年度以降は、いただいた提言をもとに先進的優良企業の育成等の取り組みを進めていく予定である。少子高齢化で人手が少ない中でも適正な処理・リサイクルを行いながら、産廃処理業の持続可能な発展が可能となる環境整備が必要だ。IT をうまく活用することで、排出事業者のニーズと処理業者の技術をマッチングしていければ良いと思う。

　また、今年は循環型社会形成推進基本計画の見直しの時期にもなっている。2000 年に循環基本法が制定されたころに比べると、大半の指標が大幅に改善されている。資源生産性は約 50％上昇しており、最終処分量は 74％削減できている。ただ、これまでは大きな成果を上げてきたが、ここ数年を見ると横ばいの状況になって来ている。リサイクル技術を磨いていくといったことだけでは限界に来つつあると感じており、IT を活用することがさらに改善を進める起爆剤になるのではないかと期待している。

　——IoT イノベーションに向けた今後の協議会活動等の展望は。

　林　廃棄物処理業界の方々に「IoT」等のキーワードはあまり身近に感じられないかもしれないが、労働力不足は他人ごとではない。さらに言うと、90 年代半ばの IT 革命に乗り遅れたこの業界だからこそ、伸びしろが大きい。だからこそ積極的に取り組む必然性がある中で、協議会活動がスタートした意義は大きい。

　藤井　協議会に参加するメンバーは、それぞれ専門性を持っている。こうした人たちが集まることでこれまでにない高い精度のデータが得られてくる中で、さまざまなソリューションが生まれてくると思う。これまで形にならなかった計画が実現できるような研究を提案し、皆さんと一緒に実証して行きたい。

小岩　循環型社会や低炭素化をもう一段進めるためにどのように
イノベーションを起こしていくかということが問われており、
そこで IT が大きな力になるという期待を持っている。われわれ
も協議会の議論に加わりながら、どのように IT を活用すればわ
が国の循環型社会をさらに進めることができるか、共に探ってい
きたい。

　　　　　　（環境新聞・2017 年 6 月掲載、肩書きは当時のもの）

あとがき

Where is the wisdom we have lost in knowledge?
Where is the knowledge we have lost in information?"
from "The Rock"
by T.S. Eliot

英国詩人エリオットからの引用です。1996 年に当時のコーネ
ル大学学長が卒業式で我々に紹介してくれた、当時としては非常
にタイムリーなメッセージであり、心に刻んでいつも想い出して
います。

エリオット自身は IT 革命の起点となった Windows95 発売の
30 年前に亡くなり、情報革命の進展など知る由もなかった方で
すが、その後の世の中の変遷を見事に予見していたことがわかり
ます。今やインターネット上で氾濫する"information"（＝情報）
の付加価値はほぼゼロになりました。さらに IoT や AI 等先端イ
ノベーションの急速な普及により、情報を整理して意味付けやカ
テゴライズを行った後に判断材料とするための"知識"（＝
knowledge）の付加価値さえも、急速に侵食されています。結局、
これから我々人間が生活者として、あるいはビジネスパーソンと
して追い求めなければならないのは"wisdom"（＝知恵）のみと
いう時代を迎えることになります。

知恵を追い求めるというと難しく聞こえますが、昔から「おば
あちゃんの知恵袋」という表現があります。「風邪をひいたら首
にネギをまく」「油汚れは米のとぎ汁で落とす」といった経験則
に基づく雑学のことで、あとから科学的な裏付けがなされるもの
もあれば、単なる迷信もあったりします。こうした知恵を見出し

たおばあちゃん達がインターネットでの情報収集や、表計算ソフトを使った統計解析を行ったことはありません。無意識ではあっても、自分や家族の生活を快適にするために、日々の出来事を客観的に観察して、仮説を立てて、繰り返し検証するという極めて科学的な手法で世の中に貢献する知恵を蓄えてきたのです。

　前向きに考えるなら、単なる情報力や知識量が勝負を左右する世の中は、面白くない世の中だったのかもしれません。身も蓋もなく言えば、資本力や体力に勝る者が論理的に必ず勝つはずだからです。無論、誰もが同じゴールを目指して同質の努力を続けることが、近代を通じて社会全体の底上げを実現する原動力となってきたことは事実です。

　ただし、皆の観察対象や仮説構築の方向性が均一化することで、おばあちゃん達のような発想の自由度が失われたことに対する反省も求められています。これからの世の中では、陸上競技のようにタイムや距離を競うだけではなく、フィギュアスケートのように一律の基準を超えて人々の心に訴える演技力も問われます。そのための実力を磨く上でのキーワードが、「イノベーション」であり、「小が大を喰う」チャンスも目の前に拡がっているのです。

　そんなことを念頭に、私が20年以上をかけて様々な角度から観察してきた廃棄物処理・リサイクル業界に対して、論文やエッセイというかたちでご提示してきた様々な仮説をとりまとめたのが本書です。

　各章で示した一つ一つの仮説に対して、読者の方々がご自身なりのご意見を持ち、自らのフィールドにおける検証を行った上でさらなる観察を行い、さらなる知恵を追い求める、本書がそんなきっかけになれば、コンサルティングを生業とする私にとっては望外の幸せです。

この業界が今のままで良いと考えていらっしゃる方々、このままの業界構造が続けば良いと考えていらっしゃる方々は、もはや少数派なのではないでしょうか。そんな中、これまでもお力や勇気を与えてくださいました産官学関係者の皆様と一緒に、これからの新たな時代を切り開きたいというメッセージも込めて、「イノベーションを語ろう」というタイトルを掲げさせていただきました。本書の出版を契機に、様々なかたちで私を支えて来てくれた皆様に対して、心からの感謝を申し上げます。

　まず、生涯の恩師である慶応義塾大学経済学部教授細田衛士先生に感謝申し上げます。先生の門外の弟子として、これからも業界内外の「腐った扉を蹴飛ばす」ために、できる限りの知恵を絞って日々の仕事を続けて参ります。

　次に、当社が事務局を務める「廃棄物処理・リサイクル IoT 導入促進協議会」の運営委員を務めていただいている国立環境研究所・環境社会イノベーション研究室長の藤井実先生、早稲田大学教授の小野田弘士先生、立命館大学教授の橋本征二先生、北九州市立大学教授の松本亨先生、富山大学准教授の山本雅資先生に感謝申し上げます。イノベーションを語り、次代を切り開くオピニオンリーダーとして、これからもご指導を賜りたく存じます。

　また、私が代表理事を務めている一般社団法人資源循環ネットワークは、今も理事や監事を務めていただいております山九の上原賢治様、サトーの白石裕雄様、リコーの相馬諭様、ひびき灘開発の橋口剛様に支えていただいております。まだまだ未熟な社員一同ではございますが、これからもよろしくお願いいたします。

　当社本部は北九州市アジア低炭素化センター内に所在しており、担当部長の新田龍二様をはじめとする市環境局の方々から、暖かいサポートをいただいております。一方の東京サテライトオ

フィスでも、大興代表取締役社長の岡田大様や営業部長の星幸男様を含む東京事務所メンバーのお支えにより、楽しく活気のある職場を作ることができています。さらに、本書に込めた仮説の基となる全ての発想やアイディアは、すべて有識者や行政関係者、メーカーやリサイクラーなど各界一級の方々から教えていただいたものです。一人一人のお名前を挙げることは叶いませんが、皆様への感謝を忘れたことはございません。

なお、本書の出版に辿り着くことが出来たのは、一重に安定的な情報発信の機会を賜りました環境新聞社の代表取締役会長兼社長波田幸夫様並びに編集部黒岩修様のお力によるものです。お二人の息の長いお支えに対して、改めて御礼を申し上げます。

最後に、エリオットの詩の前段には、こんなセンテンスもあります。

Where is the Life we have lost in living?

もうすぐ50歳を迎える私ですが、日々の生活や仕事はトータルとしての良い人生を送るための手段であることを忘れずに、年齢を重ねていく所存です。本書は、欠点だらけの私の人生を支え、ともに歩んでくれている掛け替えのない猫たち（マサユキとミタカ）、そして家内に捧げます。

2018 年 3 月

リサイクルビジネスもイノベーションを語ろう

2018年4月30日	第1版第1刷発行
著　　　者	林　孝昌
発　行　者	波田幸夫
発　行　所	株式会社環境新聞社
	〒160-0004　東京都新宿区四谷3-1-3　第一富澤ビル
	TEL.03-3359-5371㈹
	FAX.03-3351-1939
	http://www.kankyo-news.co.jp
印刷・製本	株式会社平河工業社
デ ザ イ ン	株式会社環境新聞社制作部